くさいはうまい

小泉武夫

角川文庫
22189

はじめに

人間は有史以来、貪欲なほどあらゆるものを食し、また美味な食べものや体にとって大切な食べものを生み出してきました。その背景には驚くべき高度な人間の知恵と豊かな発想があったことは、目にも見ることのできない微細な生きものを巧みに使って「発酵食品」を創造したことでもわかるのです。

その発酵食品には二つの大きな特徴があり、そのひとつが滋養成分の宝庫だということであります。滋養とは「身体の栄養になること、また、その食べ物」のことですが、その意味に極めてかなうのが発酵食品なのです。その理由は、発酵を司る微生物は多種多様であり、彼らは多量の栄養成分を発酵過程で生産し、食品の中に蓄積してくれるからであります。例えば、煮ただけの大豆と、それに納豆菌を繁殖させてつくった納豆を比較しますと納豆の方が圧倒的に栄養成分が高く、その上、血栓の溶解や高血圧の降下作用といった保健的機能性も持つようになるのです。

また最近の研究では、発酵食品は総じて免疫力を高める効果や整腸効果、老化を防止する抗酸化性効果などがあることがわかり、次々に発表されています。そのような視点から読者が本書を読まれ、これからの食生活の一助とされれば著者としてとても嬉しいことです。とにもかくにも、発酵食品は誠にもって神秘な食べものであり、人知の結晶ともいうべき食べものであり、そして二十一世紀の今、最も注目されている食べものなのであります。このことに関しては第1章「滋養たっぷり物語」に述べました。

　発酵食品の二つめの大きな特徴は、味とにおいが他の食品に比べて独特の個性を持っていることであります。近江の鮒鮓、紀州のサンマの本熟鮓、新島や八丈島のくさやなどはその代表で、猛烈な臭さで有名ですが、ところが実に美味しい。チーズや納豆などもその類ですが、発酵食品が共通してこのように個性のあるにおいを放つのは、その発酵食品を醸し上げる発酵微生物の生理作用によるためなのであります。例えばチーズの場合は、牛乳に乳酸菌が繁殖するとき、牛乳の成分を体の中に取り込んで代謝するとき、その生理作用として排泄されるプロピオン酸やヘプテノン、ノナノンがあのチーズのにおいの成分なのであります。

　ところがくさいばかりではないのです。発酵させるととても美味しくなります。大豆と醤油や味噌、牛乳とチーズやヨーグルト、大根と沢庵、米と酢などを比べてみますと、発酵させたものは、発酵させないものより俄然美味しくなるのです。つまり

「くさいはうまい」ということになりますが、これについては第2章で述べました。どうか鼻の孔をおっ開げて、涎を垂らしながらお読み下さいますように。

目次

第1章　滋養たっぷり物語

甘酒

素晴らしい栄養ドリンク

納豆や食酢、ヨーグルトといった発酵食品は昔から体に良い食べ物だといわれてきました。そんな体にいい発酵食品の最初の話は、「甘酒（あまざけ）」です。甘酒といいますと、最近は大変な人気商品となり、現在二二〇億円の市場にまでなっています。この甘酒、実は昔から日本に伝わってきた素晴らしい「栄養ドリンク」だったのです。

江戸（えど）時代後期の嘉永（かえい）六（一八五三）年に『守貞漫稿（もりさだまんこう）』という書物が完成し、世に出ました。

その中の「甘酒売り」のところに「江戸京坂（現代の東京、京都、大阪）では夏になると甘酒売りが市中に出てくる」とあって、真夏の服装で甘酒を売っている当時の絵が載っています。私はこの部分を読んだとき、「おや、おかしいなあ。なぜ暑い真夏に甘酒を飲むんだろうか？　冬の飲み物なのに……」と不思議に思いました。そこで、念のため「現代季語事典」を開いてみたところ、あらら、驚いたことに甘酒の季語は今でも夏なのです。これはなぜなのだろうかと私なりに甘酒について調べましたところ、結論を先に申しますと、江戸の夏の暑さは大変厳しく、体力が落ち、その暑さに勝てずに老人や病弱者は夏を越すことができず、亡くなる人が多かったのです。そのような時の甘酒の一杯は、体力回復に即効性があったのだということがわかりました。

甘酒（煮た米に麹と湯を加えて温めておくと、甘い飲み物となる）は実に美味しく、麹菌が生産した多種多様の滋養成分を豊かに含んでいます。分析してみますと、ブドウ糖が極めて高く、二〇パーセントを軽く超し、また米のタンパク質も、それを分解する麹菌の酵素によって必須アミノ酸群に変えられ、これがまことに豊富に含まれていることがわかりました。

さらに特筆すべきはビタミン類で、麹菌が米の表面で繁殖する時、ビタミンB_1、B_2、B_6、パントテン酸、ビオチンなど生理作用に重要不可欠のビタミン群を多量につくって、それを米麹に蓄積させるため、極めて多く含んでいることもわかりました。それらの成分が甘酒に溶け出してくるのであるから、甘酒は江戸時代の総合活力ドリンク剤であったのです。

こうして「甘酒は夏バテに効く」と、夏に頻繁に飲まれるようになり、甘酒売りが夏の風物詩となって、季語も夏になったのでありましょう。

私たちが病院に入院すると、点滴を受けることがあります。栄養補給のために、血管にブドウ糖と必須アミノ酸類、ビタミン類の溶液が送り込まれます。しかしよくよく考えてみますと、それは甘酒そのものの成分なのですから驚嘆してしまいます。発酵を経た滋養食品の奇跡が、こんなところにもみられるのです。発酵微生物や発酵食品って大したものですなあ。

味噌

豊かな日本の味噌文化

大豆と米麹を食塩と混ぜて固体発酵させたものが味噌であります。これに具を入れて、味噌汁として液体状で濁りのままを飲食するのは、世界の食文化からみても実に珍しく、興味のある発酵嗜好物ですなあ。歴史的には、『大宝令』(七〇一年）によると、その中の「大膳食」に「未醤」という字が登場しており、これが未醤→未曽→味噌になったのだろうとされています。その原型は大陸であったものが、この時代すでに日本独自のものにつくり変えられて嗜まれていたのでしょう。

「味噌汁」は液体で嗜まれますが、本来固体状のこの調味料は「嘗味噌」という総菜としての形でした。この嘗味噌には、通常に発酵した味噌に具を混ぜてつくった加嘗味噌と、いまいちど発酵微生物の力を巧みに応用して醸した発酵嘗味噌とがあり、前者には鯛味噌、カキ味噌、ユズ味噌、ネギ味噌、鉄火味噌、エビ味噌、時雨味噌、フキ味噌、ゴマ味噌、クルミ味噌などがあって、今でも、酒の肴や茶請け、ご飯のおかずに重宝されています。

後者の代表は径山寺（金山寺とも書く）味噌の類で、大豆一升を煎って臼でひき割り、これに大麦一升を混ぜ、蒸籠で蒸してこれに麹カビをつけて麹とし、この麹を白瓜、麻の実、シソ、ショウガなどの刻みものとともに塩を加えて仕込み、八〜十カ月ほど酵母と乳酸菌で発酵させたものです。また、鰹の生肉を適宜に切ったもの一升に麹、煮熟大豆を混ぜ合わせて臼で搗き、桶に漬け込んで二カ月ほど発酵させた鰹味噌といったユニークな発酵嘗味噌も多くあります。

味噌に含有されているタンパク質は麦味噌で一〇パーセント、豆味噌で一八パーセント前後と豊富で、昔から米やイモなどを主食としてきたデンプン主食型民族の日本人にとっては貴重なタンパク質の供給源でありました。なかでも、タンパク質を構成するアミノ酸はリジンやロイシンといった必須アミノ酸が多く、さらに、粗食の日本人に不足がちのビタミン類やミネラル類も豊富に含まれているため、日本人を栄養の面からも大いに助けてきたのです。また、発酵によって生じたリン脂質の一種レシチンは高血圧の予防に効果があり、リノール酸は心臓や脳髄中の毛細血管を丈夫にする働きがあることがわかっています。

味噌の健康話はまだまだ続きますぞ。

癌予防などに効能

一九八一（昭和五十六）年十月の癌学会で、当時、国立がんセンター研究所の平山雄疫学部長は味噌汁の摂取頻度と胃癌死亡率との関係につき疫学調査を発表しました。

それによりますと人口十万人あたり、味噌汁を毎日飲んでいる人と、ほとんど飲まない人とを対象として調査した結果、味噌汁の摂取頻度が高くなるほど、胃癌の死亡率は低くなることがわかりました。さらに味噌汁を毎日飲む人は胃癌のほかに、全部位の癌、動脈硬化性心臓疾患、高血圧、胃、十二指腸潰瘍、肝硬変などの死亡率もそれぞれ低くなることが観察されています。

そしてその理由についても研究された結果、大豆に含まれるトリプシンインヒビターにはマウスの皮膚発癌を打ち消す働きと、それによってマウスの皮膚癌の進行を遅らせる働きのあることがわかりました。またラットに皮膚癌を移した上、味噌の不溶性残渣を食餌の一部に置き換えて飼育すると、回復はしませんが、延命効果が認められました。この効果はサルノコシカケやシイタケ、笹の葉、バガス、麦わらにも認められているもので、ほかに味噌には肝臓癌予防効果があることもわかっています。

変異原性物質と発癌性物質とは極めて密接な関係にあり、食品に含まれる変異原に対してその作用を抑制するような抗変異原性物質には発癌を抑制する作用も期待できますが、味噌の脂溶性物質中にはリノレン酸エチルエステルなどの抗変異原性のあることが認められています。

また、動物実験によれば味噌の不溶性残渣に抗腫瘍(こうしゅよう)性があり、さらに細菌を使用した実験でも味噌中の脂溶性物質（特にリノレン酸エチルエステル）に抗変異原性のあることが証明されています。

一方、横浜市大の研究グループでは胃内視鏡検査により味噌汁摂取習慣者と胃疾患の関係を調べた結果、腹部症状を訴えて胃内視鏡検査を受けた者（二百十四名）のうち、味噌汁摂取習慣の程度により、「毎朝摂取する」「時々摂取する」「全く摂取せず」の三群に分けると、「時々摂取する」及び「毎朝摂取する」の二群に共通して胃疾患の少ないことが際立って多かったとしています。

とにかくこの発酵嗜好品は常に台所に備えられている身近なものでありますから、毎日取るようにしたいものです。

漬け物

平安時代にはあった

食べて美味しく、食欲を引き立たせてくれる「漬け物」の大半は、何らかの形で微生物の発酵作用を受けた素晴らしい食品であります。日本での漬け物の初見は、奈良時代後期の木簡に残されているウリの塩漬けの記録で、その後、平安時代の『延喜式』には酢漬け、醬漬け、糟漬け、菹（青菜、セリ、タケノコなどを楡の皮と塩とで漬け込んだもの）、須須保利（青菜やカブなどを、塩、大豆、米で漬け込んだもの）、荏裹（カブやショウガなどを荏ゴマの葉で包み、これを醬に漬け込んだもの）などが記載されています。当時の漬け物がいかに多彩で本格的なものであったか、また、日本の漬け物がいかに古い伝統をもったものであるかがよくわかります。

日本の漬け物は、すでにこの平安時代までに大体の形が完成していたとみてよく、その後、漬け物は日本人の食生活と並走しながら発展してきました。そのため、漬け物について記述した古文書も『萬聞書秘伝』（一六五一年）、『雍州府志』（一六八四年）、

『本朝食鑑』（一六九七年）、『大根料理秘伝抄』（一七八五年）、『四季漬物塩嘉言』（一八三六年）など多くをみることができるのであります。

『延喜式』によると、平安京では都の西の市に魚の塩干し店があって、そこには干しダイ、蒸しアワビ、干し鳥、楚割（魚肉を細かく切って干したもの）などとともに「嘗めもの」が売られていた、とあります。これは味噌に肉、魚、菜、香辛料などを漬け込み、これを熟成させた漬け物のたぐいで、鰹味噌、鳥味噌、時雨味噌、ショウガ味噌などがありましたが、平安の都にすでにこのような漬け物を売る店があったことは面白いことです。

また、室町末期から江戸初期の京や大坂には「香の物屋」と呼んだ漬け物の専門店があり、このころから全国に漬け物屋が店を構えるようになったようです。江戸期に入ると一段と数と種類を増やし、地方の名物・風味物となって全国のいたるところに浸透していきました。

そして、明治、大正といった近代になると、それが大量流通嗜好品といった業務専用品にまで発展し、家庭でつくる手作りの漬け物と同様に国民に広く愛好される副食物となりました。昭和に入ってからは、漬け物の原理や発酵微生物の役割、食することの効用といった研究が急激に発展し、より国民色の濃い嗜好物となって今日を迎えているのであります。

高い健康志向性

日本の漬け物の大きな特徴の一つは、その数や種類が、極めて多岐にわたっているということです。これは他国にはあまり例のないことで、我が国の漬け物の自慢の一つといえましょう。例えば江戸末期から明治に至る時期にかけて、日本全国の各地方にはその土地の気候風土の特色を生かした名物漬け物が続々と誕生しました。

第二の特徴は、漬け汁や漬け床の種類の豊富さにあり、世界中の多くの漬け物が酢漬けやワイン漬けといった、ごく限られた液体に漬けるものであるのに対して、日本には醤油、醤油もろみ、味醂、米酢、塩だし汁、梅酢、日本酒、焼酎といった多くの漬け液があり、その上、何といっても外国の漬け物にみられない固体状の「漬け床」の豊富さには驚かされます。酒粕、味噌、糠、麴、溜、芥子などはそのほんの一例です。

そして第三の特徴といえば、漬け込む材料の圧倒されるほどの多彩さにあり、野菜類、根菜類、山菜類、きのこ類、魚類、肉類、海藻類、花や木の実など、およそ何百種に及びます。

そして第四の特徴は、漬け方にさまざまな方法があることで、漬け汁や漬け床に応じて、材料の持ち味を失わせることのないように実に上手に工夫されています。漬け込み時間の長短によって即席漬け、一夜漬け、当座漬け（浅漬け）、早漬けといった短期のものから、老ね漬け、古漬けといった長期の方法までとられているのは、その一例であります。また下漬け、水漬け、二度漬け、中漬け、本漬けというように、漬け込む材料に幾度も丹念に手を加えているのも、日本の漬け物の素晴らしい特徴の一つです。

そして、何といっても第五の素晴らしさは、微生物の関与による発酵漬け物の豊富さにあり、これは日本の漬け物の最大の特徴といってよいでしょう。さらに第六の特徴といえば、日本の漬け物は総じて健康志向性が極めて高い食品であるということができます。また、主食の米飯の重要なおかずとなることも特徴の一つで、このように素晴らしい特色を多数もっているために、昔から日本人の食卓には欠くことのできないものとなってきたのです。そして今日、日本では年間約百数十万トン生産され、出荷金額では六〇〇〇億円を超していて、まさに日本は世界最大級の漬け物王国なのであります。

知恵の塊、糠みそ漬け

日本の漬け物の代表といえば、糠みそ漬けであります。この漬け物は日本だけの固有のものであり、一名を「どぶ漬け」ともいい、大根、キュウリ、カブ、ナスなどを、主食である米の副産物の糠に漬け込むといった、まことに日本的な漬け物なのです。

そこには乳酸菌や酵母が猛烈な数で繁殖しています（たったの一グラムの糠みその中に、なんと日本の人口よりはるかに多い何億個もの菌がひしめき合って生活している）。彼らはそこで糠の成分を分解し、乳酸やアルコールなどの風味物に変え、またタンパク質や含硫アミノ酸なども分解して、特有のにおいを発するのです。

この糠みその原料となる米糠には、炭水化物やタンパク質、脂質、無機類、ビタミン類などの栄養源が驚くほど豊富に含まれていますから、乳酸菌や酵母はそこで極めて満足に発酵することになるのであります。

米糠を微生物の力で発酵させ、そこに野菜を漬け込むという糠みそ漬けには、巧妙な知恵がいくつもひそんでいます。

まずその第一は、発酵した糠に野菜を漬け込むことにより、微生物によって分解された糠のさまざまな成分が漬け込んだ材料に浸透して、まことに風味豊かな野菜に変えることができることで、水分が多く味があまりない生大根と、糠みそ漬けにした沢庵漬けを比べてみれば、そのあたりは明確によくわかります。

第二は糠にあった豊富な栄養成分、とりわけ無機質やビタミン群が漬け物の中に移行される上、発酵の際に微生物群によって新たに生成されたビタミン類も野菜に吸収されます。こうして漬けあがった材料は、栄養的に相当高い価値をもったものになり、それでなくとも質素な昔の食生活の中にあっては、この糠漬けは多くの日本人にとって貴重なビタミンの補給剤にもなっていました。

そして糠みそ漬けの第三の知恵は、この漬け床は連続発酵が可能ですから、実に便利な方法であるということです。糠床を上手に手入れして発酵をうまく管理さえしておけば、その床には絶えず材料を漬け込むことができ、食べて減った分の材料を漬け込むことにより、毎日食べ続けることができるのです。

このように、糠みそ漬けの発想は、米を主食とする日本人の知恵の深さの一端を実によく示してくれるものであります。

健康を支える妙薬

最近、日本の漬け物が、健康を支える妙薬とまでいわれるようになり、日本の漬け物の大きな特徴の一つに挙げられるまでになってきました。それは、動脈硬化症、癌、心臓病、高コレステロール血症、糖尿病といったいわゆる生活習慣病の予防に効果があることが、多くの研究機関の報告や臨床試験によって明らかにされてきたからです。

戦後の食糧難時代が、経済の奇跡的復興の陰に忘れ去られ、飽食の時代を迎えた今日、糖類や肉類、乳製品といった高カロリー、高タンパク質、高脂肪食品の摂取過剰が生活習慣病を急激に増加させました。それまでの日本人の食事には、非常に多くの繊維食品があって、そのような食事の下では生活習慣病があまり現れなかったのです。そこでまず繊維食品が着目され、さまざまな臨床実験や研究が行われたところ、食物繊維（ダイエタリーファイバー）を多量に摂取すると、一連の生活習慣病が防止できることがわかり始めました。その症例は便秘宿便から起こる大腸癌、高カロリー動物性食品摂取過剰による高コレステロール血症、動脈硬化症、肥満、心臓病、糖尿病等で、水溶性のペクチン等の繊維は、血液中のコレステロールや胆汁酸の排泄（はいせつ）を促進し、動脈硬化や心臓病の予防に役立ち、また、不溶性の繊維は胃や腸などの消化器官を物理的に刺激して、インスリンやホルモンの分泌を高めて便秘を解消し、糖尿病や直腸癌等を防ぐメカニズムが生じることがわかったのです。

そこで、食物繊維を多く含む野菜に注目が集まりました。中でも、漬け物は野菜から脱水した食べ物ですから、繊維の含量が相対的に多くなり、食物繊維を濃縮した形で摂取できる一大長所をもち、その上、繊維素のほかに野菜にあるビタミンやミネラルなどの微量栄養成分は、漬け物にすればそのままの形で体に直接吸収されますから、生活習慣病の予防食として脚光を浴びてきたのです。

このことは日本ばかりではありません。チェコやユーゴの農村の長寿村にはキャベツの乳酸発酵物が昔から伝わっており、さらにトルコやイランの山間（やまあい）の長寿村には、茶葉の一種を発酵させて食べる習慣などがあるのです。日本でも、このような長寿村の調査が行われ、例えば長野県木曽町の「すんき」という漬け物を例にいくつかの該当地域に低塩性で多繊維の漬け物の摂取が共通して存在していることがわかり、そのため漬け物は、今後さらに健康維持のための食品として注目されることになりました。昔から、「おふくろの味」には食物繊維がいっぱいあること、肌のきれいな健康人は漬け物を毎日摂取している事実などを、私たち日本人はいま一度、見直してみる必要があるようです。

パン

作り方はいろいろ

焼きたてのパンの食欲をそそるあの香りは、酵母による発酵を経ないと生まれません。ふだん口にしているパンも、立派な発酵食品なのです。

パンを大別しますと、発酵したドウ（穀物の粉に水を加えてこね上げたもの）を焼いたものと、無発酵のまま焼き上げたものの二つに分かれます。

前者の発酵パンの発達は、小麦の食べ方の歴史を段階的にたどってくるとよくわかり、約一万年も前に、まず小麦が栽培され、それを粉にして粥状で食べていました（粥食期）。さらにその粥状のものが、熱い灰や焼け石にこぼれ、その焼け焦げたものを食べてみましたら美味で、食後感のよいものであったので、以後は平焼きにして食べ始めました（平焼きパン期）。

ある時、平焼きパンの粥を放っておいたら、空気中を漂っていた酵母が落ちて付着し発酵を起こしました。試しにそれを焼いて食べてみたところ、それまでにない風味をもち、その上、大変食べやすいものが出来上がったのです（発酵焼きパン期）。それを知ると以後は、意識的に発酵を待ってから焼くという、今日のスタイルになったものと考えられています。

メソポタミアには、今から六千年も前に平焼きパンがあったといわれ、古代エジプトではメソポタミアの影響を受け、中王国時代（紀元前二十二～同十八世紀）には発酵パンが作られていたといいます。その後、発酵パンはヨーロッパで発展し現代に至っています。

今日、日本人が食べているパンの大半はヨーロッパ流のものですが、ユーラシア大陸には他に多くの種類のパンがあります。例えば中国の麦作地帯には、発酵蒸しパン「饅頭（マントウ）」と、無発酵と発酵の両方の作り方が混在する「餅（ピン）」があり、インドやパキスタンの麦作地帯（パンジャブ地方）には無発酵の焼きパン「チャパティー」や、発酵してから焼き上げる「ナーン」があります。

ナーンは、水で練った小麦を一晩寝かせて発酵させたドウの薄板を、高熱のカマドの内壁に張って焼き上げたもので、これに調理した野菜や羊肉などを包んで食べますが、ドウを発酵させて焼く、という点でヨーロッパのパンによく似ています。中東では、ナーンをさらに薄くして鉄板で焼いた「タンワナー」、かまどの底で焼いた「バラディー」などがあり、エチオピアにも発酵パンの「インジェラ」があります。このように、西に行くほどパンのつくり方と種類は豊富になっていき、それぞれの民族の食生活を特徴づけているのです。

日本人が初めてパンを知ったのは、室町時代の天文年間（一五三二〜一五五五年）で、ポルトガル人によりもたらされたといわれています。しかし、「パン」として名が文献に登場したのは、それよりずっと後の江戸時代で、正徳二（一七一二）年の『和漢三才図会』には「蒸餅とは、餡なしのまんじゅうのことで、オランダ人はパンと呼んで常食している」とあります。ここで注意しなければならないのは「蒸餅」とあることで、これでは中国式の「饅頭」、すなわち蒸しものであったことになります。

本来、パンは蒸すものでなく、酵母で発酵させた後、焼いたものですから、「蒸餅」をパンと同じものとみていたことは、当時のパンは中国の方法の影響をかなり受けていたものであったのだろうと思います。

ところが、それから六年後の享保三（一七一八）年に出された『御前菓子秘伝抄』には、びっくりするようなパンの作り方が書かれていて、「小麦粉を甘酒でこね、それを適宜の形にしておくと膨れてくる。一晩寝かせてフルメントをつくる。これを、土を厚く塗りたてた釣り鐘型のかまどに並べ、薪を燃やしながら焼く」という内容です。

フルメントとは、ポルトガル語の「Fermento」すなわち「発酵」のことで、まさに、蒸餅という中国系の蒸しパンに対して、ヨーロッパ系の発酵パンがここで初めて述べられていることになり、実に興味深いわけです。そして、何といっても貴重なのは、甘酒を加えている点であって、これは相当な知恵のあかしでもあります。

　甘酒は米麹の糖化液で、この中では極めて活発に酵母が増殖し、発酵します。酵母が十分いて、発酵が理想的に進めば、焼き上げてからの風味は大変良く、その上、甘みも付与できますから、とても美味なパンができ上がったはずです。

　ただし、江戸時代にこのような文献があっても、当時、ヨーロッパ系のパンが焼かれていたという証拠はまだみつかっていません。しかし、甘酒という日本独特の発酵補助剤を使うことや、日本にみられるかまどを使って焼くなど、かなり具体的な記述がありますので、実際には一部でヨーロッパ系パンが焼かれていたのであろうと考えています。今でも現存する、小麦粉に酒種（さかだね）を加え、発酵させた「酒まんじゅう」との折衷品だったのかもしれません。

豊富なミネラル

　酒まんじゅうは蒸し菓子の一種で、焼いて仕上げる西欧のパンとは異なります。そのつくり方は実に日本的で、まず、糯米（もちごめ）をやわらかく炊いて、そこに麹を加えて糖化させ甘酒とします。そのままにしておくと酵母が増殖し、風味のよいアルコールができて、いわゆる濁酒になります。その濁酒で薄力粉をこね、これで餡を包み、酵母の発酵で十分に膨らませてから、蒸籠で蒸すのです。

当時は、その蒸しまんじゅうを平鍋に伏して、まんじゅうの頭の部分に焼き印を押したものが主流のようでした。この製法は明治時代に入るとアンパンに変化しますが、それを最初に考えついたのは、木村屋初代の木村安兵衛で、一八七四（明治七）年、米麹と甘酒と酒種を使ったパンに、餡を入れたのが始まりとされています。その後、次第に広まって、明治末期には、全国で一日に数十万個ものアンパンが売れるという大当たりの商品となりました。全く日本人は、いつの時代でも理に適った知恵とユニークな発想で、発酵技術を開いていくのにたけてますなあ。

さて、今日のパンの製造において、酵母による小麦粉の発酵の目的をみてみますと、まず発酵によって、パンに特有の風味を与えることが挙げられます。

次に発酵で生じた炭酸ガスが、小麦生地（ドウ）を膨張させ、生地中にガスを含ませ（ポーラス状態）、特有の舌触りや歯ごたえを与えます。

そして香気の生成です。発酵してから焼いたパンと、発酵させずに焼いたパンとでは、パンのもつ香気成分に大きな差があり、発酵したものの方が、なんと七倍も多いという研究報告もあります。つまり焼き上がったあのパンの香りは、発酵に負うところが非常に大きいということになります。このように発酵という工程は、食欲をわかせる成分をたくさん蓄積させる場ともいえるのです。

さて、パンの滋養ですが、食パンを例にしますと、炭水化物が四八パーセント、タンパク質八・四パーセント、脂質三・八パーセント、水分三八パーセントが一般的であります。特徴的なのはミネラルが多いことで、日本人の主食である米（精白米）と比較しても、食パン一〇〇グラム当たりカルシウムなら三六ミリグラム（精白米では二ミリグラム、以下同）を含んでいます。リン七〇ミリグラム（三〇ミリグラム）▽鉄一ミリグラム（〇・一ミリグラム）▽ナトリウム五二〇ミリグラム（二ミリグラム）▽カリウム九五ミリグラム（二七ミリグラム）といずれも米より格段に多いのです。また米と比較しても、タンパク質は大変多いのです。このようにパンは栄養の補給にもおおいに役立っている食べ物ということができるのです。

保存は常温で

さて、今日、私たちが毎日のように食べているパンは、ただ小麦粉を水で練って酵母で発酵させ、それを焼いて食べるというだけのものではありません。フランスパンのように小麦粉、イースト（酵母）、食塩、水といった製パンの基本原料だけでつくるパンもありますが、多くのパンには糖（ショ糖）、油脂（ショートニングやラード）、ミルク（脱脂粉乳）、卵といった調味成分や栄養成分が加えられつくられているのです。さらにそれらのほかに、栄養強化や保健的機能性を高める目的でタンパク質（脱脂粉乳やホエー、大豆粉などの添加）の強化、必須アミノ酸やビタミン類の添加といったパンも多くなってきました。

さらに、パンを健康食品としてもっと位置づけようと、食物繊維成分を添加したハイファイバー・ブレッド、治療食として食塩を加えない無塩パン、糖分やカロリー源を抑えたローカロリー・ブレッドなども続々と出回るようになり、客は好みや目的に合ったパンを自在に選ぶことができるようになりました。

さて、パンを上手に保存する方法について述べておきます。パンは空気に触れると着々と「老化」していき、風味は時間の経過とともに落ちるものです。老化とは、やわらかさを失ってボロついてきて、においも不快な方向にいくことですが、実はパンの老化では、保存する温度が低いほど進行するというおもしろい現象がわかっています。ですから、短期間にパンを保つためには冷蔵庫に入れておかずに、常温の暗い場所に置いておく方が老化は進まないのです。

ただし、一般のフリーザー（冷凍室）の温度（マイナス二〇度）では、パンは凍結し、老化の進行はほとんど起こらなくなるので、長期間保存の場合には冷凍庫に入れて凍結させておく方がよいのです。この場合、冷凍室に保存したパンは時間をかけて自然解凍するのではなく、凍ったままでトーストして食べることが上手な食べ方でありますから、ぜひそうして下さい。

なお、パンの老化は油脂（ショートニング）や老化抑制剤（レシチンやモノグリセライドなど）の添加によってある程度抑えられていますので、副原料を多く含んだリッチなパンは老化が遅く、フランスパンのようにパンの基本原料だけでつくられるものは、すぐにパリパリになるなど老化が早いのです。

キムチ

唐辛子が使われて種類豊富に

「キムチパワー」。とにかく食べれば体が燃え、力がつくというので、今では強壮食の代表のようになったキムチ。朝鮮半島の食生活には欠かせない素晴らしい発酵食品で、通常の食事にはスープとともに必ず出てきます。キムチとは朝鮮料理における漬け物の総称で、「沈菜（チムチェ）」のことですが、その発酵は主として乳酸菌が働いて風味を醸し出してくれるものですから、酸味もさわやかで、そしてビタミン類が非常に多いのも特徴なのであります。

野菜を塩漬けにし、水を切って唐辛子、ニンニク、果物、小エビに似た醤蝦（あみ）やイカ、小魚などの塩辛類などとともに漬け込んで、それをじっくりと発酵させてつくるのです。

文献上で初めてみられるのは十三世紀の時ですが、その前から存在していたことは間違いないと考えられています。食欲をそそる辛味と、あの赤い色はもちろん唐辛子によるものですが、キムチにその唐辛子が使われるようになったのは意外に新しく十七世紀後半からといわれています。これを境にキムチの種類は豊富になりました。それまではショウガ、ニンニクなどを用いることもありましたが、主に塩味だけの単調なものであったということです。唐辛子の登場は、まさにキムチそのものにパワーを与えたんですなあ。

現在、キムチは数十種類に及んでいますが、基本的な白菜のキムチの漬け方は、まず白菜を四ツ割りにし、それを二～三パーセントの食塩（粗塩）で重石(おもし)をして一夜漬けます。重石は白菜の重量と同じ程度とし、これが「下漬け」で、次に漬け床(どこ)作りを行います。唐辛子粉、ニンニクの摺(す)り下ろし、ショウガの搾り汁に、しこ鰯（カタクチイワシの別称）の塩辛を水煮（塩辛一に対し水五）したものの搾り汁を混ぜ、さらに食塩を適宜加えて漬け床とします。

これに下漬け白菜を漬け込むのが「本漬け」で、その材料の配合例は、下漬け野菜（食塩二パーセント）一〇キログラム、唐辛子粉一〇〇グラム、ニンニク三〇〇グラム、ショウガ三〇〇グラム、しこ鰯塩辛三〇〇グラム、水（しこ鰯塩辛を煮出した水）一・五リットル、食塩五〇グラムといったものです。本漬けの重石は、材料野菜の二分の一程度で、大根を材料に使う時は三センチメートルぐらいの輪切りにし、さらに縦三センチメートル、横三センチメートルに切ってサイコロ状にして漬け込みます。

漬け込んだ翌日には、もう発酵の兆候がみえ、野菜の青臭さや塩辛の生臭さが消え、どうにも止まらない、といったような食欲をそそる特有の香味に変化してきます。

漬け汁も隠し味に

キムチを発酵させる微生物は主として乳酸菌で、その大半は野菜に頑固に付着していたものや空気中から飛来してきたものが活躍するのです。発酵の目的は当然風味付けにありますが、発酵することにより消化吸収がよくなったり、ビタミンが増加したりもします。発酵の奥義を実に知り尽くした食品のつくり方ですねえ。

とにかく韓国では、ご飯の時にも酒の肴にも、お粥の時にも、それぞれに合うキムチを出します。ですからキムチは、食卓を囲む時には大変中心的な意味をもっていて、キムチのない食事などまず考えられず、日本の漬け物の立場とはかなり違うのです。家それぞれによってキムチづくりに秘術があり、魚醬や塩辛の種類もいろいろに調合して、隠し味に使います。まあ、各家庭に必ず一人か二人のキムチ奉行がいるのですなあ。家々によって異なるその材料には、例えば塩辛には醬蝦やしこ鰯のほか、タラ、イシモチ、エビ、イカ、カキなども用い、味付けにはコンブ、スルメ、ネギ、ゴマ、ホタテなど、果物ではリンゴ、ナシなども使っているのです。

キムチには数十種類あるといいましたが、その基本は、漬け汁のたくさんある水キムチ（ムルキムチ）、白菜だけで漬けた白菜キムチ（ペーチュキムチ）、それに大根だけの大根キムチ（カクトゥギ）の三種類です。

この中で、ペーチュキムチは冬の白菜シーズンに集中して漬け込む有名なもので、トンチミ（冬漬け）ともいいます。日本で一番人気のあるキムチはこれです。ムルキムチは大根を短冊に切って、白菜も同じ大きさに切って、深漬けのように漬け、また、カクトゥギは大根をサイコロ状にコロコロに切って漬け込みます。

発酵を行うと、ジワジワと深みのある味と香りが出てきますから、キムチの場合、浸出してきますその漬け汁も重要な調味料になり、さまざまな料理の隠し味に使ったりします。トンチミの漬け汁の冷たいスープなどがスッとしてさわやかなのは、やはり乳酸菌の発酵によってできた乳酸のためであります。冷麵のスープの奥深いうまみも、肉だけではとても出ず、トンチミの漬け汁を入れてあるから出る味なのです。

滋養成分もたっぷりと含んでいますが、喰いしん坊の私は、キムチと聞いただけで、もうパブロフ博士の犬のように涎が止まらないありさまです。

なお未解明パワーも

さてキムチの保健的な効果ですが、まず食欲が非常に高められることが挙げられます。

適度に辛く、そして鼻から特有の発酵香が入ってくるので、食欲は奮い立ち、飯のおかずにでもすると、茶碗三杯ぐらいの飯はあっという間に胃袋にすっ飛んで入っていってしまいます。

次に食物繊維（ダイエタリーファイバー）が体に多量に送り込まれますから、腸の働きが活発になり、胆汁酸の分泌を促し、脂肪の分解やコレステロールの過剰を抑える効果もあります。

さまざまな香辛料や塩辛の煮出し汁などを使っているので、食べた人の体はポカポカと温まり、風邪の予防となったり、疲れた体を元気づけてくれます。

さらに唐辛子の赤い色素であるカプサイシン、β－カロテン、カプソルビン、クリプトキサンチンなどのカロチノイド系色素には抗癌作用があるとの説もあり、実に神秘的な発酵食品なのです。

とりわけ、キムチには新たな機能性があるのがわかりました。体内の脂肪の分解促進に効果があるというもので、恐らくカプサイシンのためではないかといわれています。

とにかく唐辛子には霊力ありとして、本場の朝鮮半島では男子出生の際に、門前のしめ縄に唐辛子を吊るす風習があり、唐辛子を使ったコチュジャン（唐辛子味噌）は、唐辛子の霊力にあやかってさまざまな料理の薬味のベースにもなっているほどです。

なお、唐辛子の薬効については食欲の増進、唾液や胃液の分泌促進、腸管蠕動の亢進、血管拡張作用、循環器系コレステロールの低下、エネルギー代謝の亢進、血中の中性脂肪の低下、脂質代謝の促進などがわかっています。

一方、発酵中に乳酸菌は多くのビタミン類を生成し、キムチに残していってくれます。ペーチュ（白菜）キムチで発酵前後のビタミン類を比較してみますと、白菜一〇〇グラム当たりのビタミンAは、白菜一六ミリグラムに対してキムチでは三五ミリグラム、ビタミンB_1は白菜〇・〇四ミリグラムに対しキムチ〇・〇九ミリグラム、ビタミンB_2は白菜〇・〇四ミリグラムに対しキムチ〇・一一ミリグラム、ナイアシンでは白菜〇・四ミリグラムに対してキムチ〇・八ミリグラムなどと軒並み増加しているのです。

このようにキムチはまことにパワーのわき出る発酵食品で、まだまだ解明されていない多くの機能性を秘めた実に神秘的な漬け物なのであります。

発酵豆腐

東洋のチーズ

「豆腐」の話を致しましょう。豆腐は、大豆を煮て、それを擂（す）り潰して豆乳をつくり、苦汁（にがり）を加えて凝固させた植物性タンパク質に富む滋養食品です。昔から重宝してきましたが、微生物による発酵作用など全く受けていませんから、発酵食品ではありません。では、発酵した豆腐はないのかというと、探せばあるもので、以下にその珍しい発酵豆腐について述べることにします。

　発酵豆腐を語る前に「豆腐」の名前の意味を少し説明しておきましょう。豆腐は奈良時代に中国から伝わったものですが、中国では「腐」というのは「腐る」という意味だけではなく、ヨーグルトを「乳腐（ルウフウ）」というように、固体であってやわらかくブヨブヨと弾力のあるものもさします。ですから「腐」という字がついたからといって、必ずしも微生物の作用と関係があるとは限らないのです。中国語って本当におもしろいですなあ。

さて中国には、さまざまな豆腐が今に伝えられていますが、なかでもユニークなのが「腐乳(フウルウ)」と呼ばれる発酵豆腐です。その製法は豆乳に苦汁を加えて寄せ固めたものを木綿布に包んで圧搾し、できるだけ水分を除いてから適宜の大きさに切り、蒸籠状の箱に入れて稲藁(いなわら)を敷いた土間に積み重ねておきます。一週間もすると豆腐の表面にカビが密生してきますから、これを二〇パーセントほどの塩水に漬けて凝固を強化し、その後、表面のカビを落とします。次に甕(かめ)に入れ、それに白酒(パイチユウ)(日本でいう焼酎のこと)を少し振りかけてから、竹の皮と縄で甕の蓋(ふた)を封じ、土にその甕を埋めて一～二カ月間おき、発酵と熟成を行うのです。

この間、甕の中では主として乳酸菌や酪酸菌の発酵が起こり、豆腐に酸味をつけると同時に特有のにおいをつけます。味はマイルドでコクがあり、まさにカマンベールチーズとクリームチーズとが一体化したようなクリーミーな味となります。したがってこの腐乳には「オリエンタルのチーズ」という名もあるほどですが、においはかなり強く(きつ)、鼻を突くその臭みに慣れるまでは少々の時間を要すかもしれません。しかし、何度か味わっていると「美味いもんだなあ」ということにつくづく気付きます。この腐乳を「酥腐(スウフウ)」ともいう、と書いた日本の本がありましたが、酥腐は、硬めにつくった豆腐に毛カビの胞子をつけ、二〇～二五度で二～三日間培養してカビ豆腐をつくり、これに軽く塩をしてから米酒(ピイチユウ)、紅酒(アンチユウ)、穀醤(グウジヤン)などを加えて一～二年間発酵・熟成したものでありますから、ややニュアンスが異なります。しかしいずれの発酵豆腐も消化と吸収の非常にすぐれた、タンパク質と脂肪に富む素晴らしい栄養食品であります。

暑い時、効果てき面

中国の上海(シャンハイ)や台湾に行くと「臭豆腐(チートウフウ)」というものもあります。これは「腐乳」とは明らかに異なり、その異様なほどの臭さは実に強烈なので「臭豆腐」という名前がつけられました。あの手のにおいの嫌いな人は「ウワーッ！」と絶叫して逃げ出してしまうかもしれないほどの臭物(くせもの)なのであります。

つくり方は、腐乳と似ていますが、こちらは納豆菌と酪酸菌で発酵させたものを、さらにもう一度、発酵している塩汁の中に漬けて発酵・熟成させたものです。ですから、非常に強烈な臭気となるのです。また浙江(せっこう)省や福建(ふっけん)省辺りにも、同じような臭豆腐がありますが、こちらも正直いって鼻が曲がってしまうほど強烈な臭みの発酵豆腐です。これは酪酸菌や乳酸菌、納豆菌、プロピオン酸菌などで、強烈な臭気をもつ漬け汁を発酵させておき、その発酵汁の中に豆腐を漬けるものです。さしずめ日本のくさやに似ています。

以前、台湾の台南(たいなん)市を訪れた時、臭豆腐の有名な店に連れていってもらったことがありました。着いたところは民族路の屋台街。何百もの屋台の並ぶ中に名の知れた臭豆腐屋があり、その周辺は実に臭い。さっそく四センチメートル角ぐらいに切った臭豆腐をみせてもらったのですが、いやはや激烈なほどの臭みがあってびっくりしました。ところが、それを油でこんがりと揚げて出してくれた熱いやつに芥子醬油をつけて食べたところ、あらら、不思議や不思議。あの強烈な臭みはどこかにいってしまって、実に美味に食べることができたのです。風上に臭豆腐屋があると、風下の人は臭くていたたまれない、という話を聞いていたので、少々気抜けしたような思いでパクついたことを覚えていますが、美味でしたよ。

さて、この発酵豆腐は油で揚げたり、そのまま酒の肴にしたりしますが、一番多い食べ方は毎朝の粥のおかずです。椀の中の粥の上に発酵豆腐の小片をのせ、それを少しずつ箸でちぎって粥とともに食べるわけです。すると、そのにおいとコク味に誘発されて食欲は大いにわき、夏の暑い時や食欲不振の時などには効果てき面の食べ物となります。

この発酵豆腐は普通の豆腐と異なり、実に多くのビタミン類（ビタミンB_1、B_2、B_6、パントテン酸、ニコチン酸など）をバランスよく含むことがわかりました。それらのビタミン類は、発酵菌がつくったものですが、さらに発酵菌は原料の大豆タンパク質にも作用して各種の活性ペプチドをつくり、食べた人の肝臓強化や疲労回復に役立っていることもわかってきました。

泡盛の友「豆腐よう」

日本にも発酵豆腐があります。紅色の美しい色彩と、そして素晴らしく美味な沖縄県の「豆腐よう」がそれであります。「豆腐よう」の「よう」には「餅」という字が当てられていますが、とにかくクリーミーなコク味が最大の特徴で、泡盛の肴にこれをチョビチョビと箸でとって口に入れ、それを追っかけるようにしてアルコール度数の高い泡盛の古酒をコピリンコと口に含むと、役者は互いに不足がないので、まことに似合うことになり、どうにも止まらないというぐらい泡盛が進んでしまうのです。

その豆腐ようのつくり方は、豆腐を指の一節ぐらいの厚さに切り、塩を振って布巾をかぶせて陰干しし、水気が飛んで表面が乾いてきたら直径二センチメートルぐらいの正方形に切り分け、表面が乾くまで二～三日かけて再び陰干しします。この間に漬け汁を作るのですが、その汁は、紅麹（紅麹菌の胞子を蒸した米にまいて製麹したもので、実に鮮やかな紅色を呈している）を泡盛に一夜漬けておいてから擂り鉢で擂り潰し、ドロドロとなったものに好みで塩、砂糖を加えて調味したものです。

二～三日陰干しした豆腐を、泡盛で洗ってから真っ赤なその漬け汁の入っている甕の中に漬け込んでいきます。二カ月ぐらいから食べられますが、慌てない、慌てない。じっくりと六カ月ぐらい発酵・熟成をかけて完成したものは風格があって絶妙なのです。長期間発酵させますと、紅麹からはさまざまな酵素が出てきて豆腐をやわらかくしたり、うまみをつけたりし、また熟成も進んでマイルドになるのです。こうしてでき上がった豆腐ようは実に美しい紅色となり、さらにその味はチーズよりも一層コク味と深みをもって美味となり、その香りも特有の芳香に仕上がっています。まさに「東洋の紅チーズ」といった状態で、発酵豆腐の王者といえるものであります。

沖縄では、これを小さな皿に乗せ、泡盛の肴として重宝しています。尚(しょう)王家の侍医が著した『御膳本草』には「豆腐餅は香ばしく美にして胃気を開き食を甘美ならせむ。諸病によし」とあります。大変にタンパク質と脂質に富み、泡盛のようなアルコール度数の強い酒にあっては胃壁の保護や肝機能の活性化に効果があるとされて、沖縄の人たちに愛されてきました。とにかく沖縄には、豆腐ように一種の信仰のようなものを抱いている人もいるぐらいで、あの紅(あか)い神秘的な豆腐を健康保持のためにチビリチビリと毎日食べている人が多いのです。

くさや

江戸の食通に大人気

「くさや」。これは美味しいですねえ。しかしにおいますなあ。臭いですねえ。でも私の好物中の大好物。「食の世界遺産」なんていうのがあったら、文句なく推薦しちゃいます。

新島は伊豆七島の一つで、ここの名物は何といっても「くさや」であります。くさやは、今から四百年も昔にこの島から生まれました。

伊豆七島の近海は昔からマアジ、ムロアジ、アオムロ（クサヤムロ）、サバ、イワシ、トビウオといった「青もの」「光りもの」の好漁場で、その上、干物をつくるのに適した干し場（白砂地）がありましたから、干物の製造は古くから盛んでした。

一方、江戸時代にこの島の島民は食塩を年貢として幕府に納めていましたが、その塩の取り立てが大層厳しく、そのため塩干し魚製造用の塩にも制限がありました。ところが、こういう時にはやはり知恵者が出るもので、海から海水を汲んできて、大きから天日に干したのです。

な半切(はんぎり)（盥(たらい)よりも大きな底浅の桶(おけ)）に入れ、それに開いたアオムロやトビウオを浸して

ら天日に干したのです。

するとと水分は蒸発して飛んでいってしまうが、塩は魚の表面に残る。これを数回繰り返すと、塩分がしっかりのった塩干し魚となり、江戸に出荷することができました。

塩を使わずとも、塩干し魚をつくる見事な知恵ですが、ところが、思いがけない素晴らしいことが起こりました。開いた魚を次から次に浸していた半切の中の海水（漬け汁）が、そのうちに発酵しだして異様なにおいをもった汁となったのです。大変に臭いのですが、なめてみると実に美味でありました。

それもそのはずで、開いた魚を何百匹と浸しているうちに、魚のうま味がその塩汁の中に溶け出していくのですから、まずいはずがありません。

においは強いが、こんなに美味な汁ができたのだから、これを利用しようとまた知恵者が現れて、その発酵した汁に開いた魚を漬け込み、天日で乾かしてから試しに江戸へ送ってみました。すると、それが江戸の食通の間で大変に珍重され、ここに名物「くさや」が誕生したという次第です。

大層臭いので、こりゃとてつもなく「くさいや」がそのまま「くさや」になったのです。

くさやの発酵菌はコリネバクテリウムという一連のくさや菌で、その他に耐塩性の

酵母や乳酸菌がいます。あの特有のにおいは、それらの菌の生産する酪酸や吉草酸、カプロン酸といった有機酸と、そのエステル類です。

漬け汁には天然の抗生物質

さて、今日のくさやのつくり方は昔と大差ありません。何十年、何百年と漬け継がれてきたくさや汁に、開いた魚を漬け、それを日干しにします。最近の研究ではこのくさや汁に、実に驚くべき成分の存在が明らかになりました。

新島は東京から一五〇キロメートルも離れた島であり、昔は医療体制がほとんどありませんでした。そんな時代、島民は身体に異常をきたすと薬の代わりにくさやの漬け汁に頼ったというのです。下痢だ、便秘だ、風邪だ、疲労だといっては漬け汁を飲んだのです。確かにこの汁には、原料の魚から流出したり、発酵菌が生産したりしたビタミン類や必須アミノ酸類が豊富で、滋養成分のかたまりのようなものでありますから、皆がその効用を体験的に知っていたのでしょう。そして、何よりも重宝されていたのが外科の治療薬としての役割でした。切り傷やはれもの、瘡などにくさやの漬け汁を付けるとほどなく治癒したのです。最近になって研究されたところ、なんとくさやの漬け汁には、天然の抗生物質が含まれていることがわかったのです。

くさやの発酵には何十種類という微生物が関与していますが、彼らは自分たちの子孫だけを増やして、この快適な生きる場所を確保しようとします。そのためには他の発酵菌の増殖を抑える必要があり、そこで相手を殺してしまう物質を生産することになるのです。それが抗生物質です。しかもこの抗生物質は、タンパク質でできているので、人が口に入れて食べても、たちまち唾液や胃袋中のタンパク分解酵素で分解されてしまうので、全く無害です。

切り傷などの患部にくさやの漬け汁を塗ると、侵入してきた化膿(かのう)菌は、たちまちくさや菌のつくった抗生物質に抑えられ繁殖できず、したがって傷は治癒するというわけなのです。まさにミクロの世界の驚嘆そのものであり、これらの事実を奇跡と称しても大いに許されるでありましょう。

さて、最後はくさやの上手な焼き方。この焼き方で美味しさが大きく左右されますから厳重注意が必要です。火は必ず背側（皮の付いている方）から入れることが鉄則で、遠火の強火が良いのですが、焼き過ぎますとアッという間にパサパサになってしまうので注意して下さい。表面にうっすらと焼き色が付いたところで引っくり返して身の側に火を入れて、ほんの三〇秒ぐらいで仕上げます。熱いうちにむしって喰(く)うのが一等賞の味。余って冷めたものは、細切りにしてお茶漬けでうれしいですよ。

糸引き納豆

発酵で栄養素が激増する

糸を引く納豆の話をします。

納豆を日本人が最初につくり出したのは、室町中期のころ（実際にはもっと古いとする学説をもつ私のような人も少なくない）とされ、当時の『精進魚類物語』には、納豆太郎糸重という武士が活躍する場面があります。

江戸時代に入ると、糸引き納豆売りが朝早くから掛け声高く売り歩き、庶民の大切な味となりました。このころより朝食には味噌汁と納豆という、大豆の二大発酵食品が一つの食事パターンとしてでき上がりました。これは大豆の高度な利用という、海外には類例のない栄養学上の知恵として、外国の研究者からも賞賛されている取り合わせであります。この糸引き納豆は、日本人の庶民の味として、現在では年間約四二万トン近くも生産されています。

製法は、大豆を煮て、これを稲藁の苞に詰めて保温すると、藁の中に生息していた納豆菌が大豆上で猛烈に繁殖し、あの特有のにおいとヌラヌラの粘質物をもった納豆ができ上がります。今日では藁に包むことは少なく、培養した納豆菌を添加して大規模につくられています。

あのヌラヌラした粘質物は、アミノ酸の一種であるグルタミン酸がポリペプチドと結合し、さらにこれに果糖の重合体が結合した複雑なもので、納豆には実に二パーセントも含まれているのです。

煮ただけの大豆に比べ、糸引き納豆にはビタミンB_2が一〇倍も増加しています。納豆菌が繁殖する時に生体内でビタミン類を生合成し、それを菌体外に分泌したためです。ビタミンB_2は人の成長を促進したり、体内におけるさまざまな重要な代謝を活性化させる役割をしています。またビタミンB_1やB_6、ニコチン酸なども納豆には多いのですが、ビタミンB_1は脚気(かっけ)防止、しびれや筋肉痛、心臓肥大、食欲減退、神経症などの防止に、ビタミンB_6も、皮膚炎を防ぎ、ニコチン酸は抗ペラグラ因子になるなど、さまざまな重要な働きをしています。

糸引き納豆の栄養価としての最大の特徴は、豊富なタンパク質にあり、遊離のアミノ酸(必須アミノ酸も含む)も発酵前の大豆に比べて比較にならないほど増加しているので、栄養価値が極めて高いことになるわけです。納豆のうまみのもとはグルタミン酸で、ほかにも一〇〇グラム当たりカルシウム九〇ミリグラム、リン一九〇ミリグラム、カリウム六六〇ミリグラムとミネラルも豊富なのであります。

なお納豆に関しては拙著『納豆の快楽』（講談社）があり、一冊まるまる納豆の本ですので、興味のある方はどうぞお読み下さい。

美味で健康的

たかが納豆、されど納豆。この糸引き納豆には、いくつかの健康的機能があることがわかってきました。納豆から由来した納豆菌は、腸内で有毒菌の繁殖を防ぐ作用を有するほか、二つの重要な酵素がみつかったのです。

その一つはナットウキナーゼという酵素、もう一つはアンジオテンシン変換阻害酵素という酵素で、前者は血栓を溶解する動きをし、血栓の主成分であるフィブリン（繊維素）を溶かしてくれます。この酵素は血栓溶解剤として開発され、経口投与することにより腸管内から血中に吸収されて血栓を溶解することが証明され、経口繊維素溶解治療法として実用化されているほどです。

後者は抗血圧上昇性酵素で、高い血圧に対して降下作用をもつ酵素として注目され、現在、その研究が進んでいます。今日では、納豆は総売上高でも約二六〇〇億円を超す産業に発展してきたのをみても、この発酵食品がいかに美味で、そして体にとって健康的なものかを国民がとらえている証でしょう。

この糸引き納豆が日本人の食事にピッタリと合致した大きな理由は、日本人の食事形態と実によく符合したからでもあります。

日本人は主食の米を、そのままの形で炊いて食べる粒食主食型民族であるのに対し、西欧のように麦を粉にしてから焼いて食べる民族は粉食主食型であります。この食の形態からいくと、納豆は完全なる粒食型食品で、主食である米粒に、やはり粒食の副食物である納豆をかけて食べるのでありますから、物理的にも食味的にも何ら抵抗なく、理に適った食味が味わえるというわけであります。

パンやスパゲティのような粉食に納豆をかけても美味しくないのはそのためで、その上、質素で早飯喰いの日本人には、この取り合わせはうってつけでありました。

なお、納豆にはビタミンK（血液凝固促進作用があるとされる）が含まれているので、むしろ納豆は血栓症を起こしやすい食べ物だ、と警鐘を鳴らす人もいますが、その血栓を溶解する作用のあるナットウキナーゼの存在が証明され、血液の凝固を阻止するそのような酵素を活性化するウロキナーゼという酵素も含まれているので、あまり問題はないとされています。しかし、ワーファリンのような薬を使って血栓症や心臓病を治療している人は、その効果がうすれることがありますので摂らない方がよいでしょう。いずれにしましても体に問題のない人は、納豆は自然健康食品の王者ですので、大いに食べて納得、納得して下さい。

塩辛納豆

宮中でもつくられた

大豆を発酵させてつくる「納豆」には二つの種類があります。今も述べましたが、私たちが毎日食べているネバネバの粘質があって糸を引く「糸引き納豆」と、糸を引かない「塩辛（しおから）納豆」の二つであります。両者は、昔から我が国の食卓にあって、タンパク質の供給という重要な役割を担ってきました。

塩辛納豆は大豆の発酵食品ではあるものの、納豆菌による発酵ではないので、正確には納豆とはいえません。その歴史は糸引き納豆より古く、奈良時代、すでに宮中の大膳職（だいぜんしき）でつくられていて、当時は「鼓（くき）」という食べ物でした。

その原型は大陸から伝えられたということですが、そのうちに日本人の得意とする発酵技術の知恵を生かして改良され、我が国特有の発酵食品となりました。京都では大徳寺（だいとくじ）、天龍寺（てんりゅうじ）といった寺院でつくることが多かったので、「寺納豆」とも呼ばれ、後に浜名湖（はまなこ）畔の大福寺（だいふくじ）でもつくられ、それが名物化したので「浜納豆」としても名が通りました。

そのつくり方は、煮た大豆を室(むろ)の中に敷いた蓆(むしろ)の上に広げ、麹菌(こうじきん)の繁殖を待ちます（今は種麹を付ける方法が大部分です）。三日ほどすると、麹菌が大豆の全面を覆って大豆麹ができますが、この時点で、大豆のタンパク質は麹菌のタンパク質分解酵素によって分解され、うまみの素(もと)となるアミノ酸が大量にできます。

次に、この大豆麹を塩水に漬け込んで、三～四カ月間発酵させます。この際の発酵菌は主として耐塩性の乳酸菌で、大豆に酸味と特有の風味を付け、さらに保存性を高める乳酸を付与することになります。これを広げて風を当て、乾燥させてでき上がりです。『和漢三才図会』（江戸中期）にはこの塩辛納豆をショウガ、山椒(さんしょう)、キクラゲ、シソの実などとともに桶に入れて、再び発酵させるという発酵食品のつくり方も記されています。

また江戸後期の『博物志』には、「酢に豆を浸し、日光にさらしてよく乾かしたものを蒸し、それをまた日光にさらす。次にそれを細かくたたいてから山椒の粉を加える。これを食べるとよく気を下し、身体をよくする」とあり、あまり微生物を作用させない塩辛納豆もあったようです。

塩辛納豆の一粒一粒には、驚くほどのタンパク質とアミノ酸、ビタミン類などが含まれていて、滋養性の高い食品として昔から重宝されてきました。その食味は塩味に濃いめの酸味が付き、そこに重厚なコク味のあるうまみが重なったような複雑な妙味で、また香りは、極めて郷愁をそそる発酵臭があって、うれしいものであります。

粥に二、三粒のせて……

炭水化物が三〇パーセント近くもあり、タンパク質はなんと一九パーセント、脂質も八パーセントを超すという栄養価の高い塩辛納豆は、必須アミノ酸類やビタミン類も極めて豊富で、さらにミネラル類もカリウム、リン、カルシウムなどが豊かに含まれています。したがって昔の質素な日本人の食卓にあっては、味噌と並んで実に貴重なタンパク源となっていたんですなあ。

元禄年間の『本朝食鑑』には、徳川家康が駿府城にいた時、浜名湖北岸の大福寺で栄養食としてつくらせたとあり、家康は常にこの塩辛納豆と大豆麹だけの味噌である八丁味噌を鎧櫃の中に収めて陣中で賞味したといいます。その時代、奇妙な塩辛納豆のつくり方も『料理物語』(一六四三年刊)にあって、そこには大豆麹に小麦麹を少し加え、さらに山椒、ショウガ、シソも加えて塩水で漬け込む、とみえます。これは塩辛納豆というよりも、大豆のうまみや発酵のかぐわしさを利用した素晴らしい醤油のような調味料といえるでしょう。その塩辛納豆の今日の食べ方ですが、酒の肴としてそのまま食べる人もいます。でも、羊羹やまんじゅうのような甘味でお茶をいただく時、その甘味の口直し的な茶請けとして、この塩辛納豆は実によく合います。

私の最も好きな食べ方は、粥に二、三粒のせて、その古典的な味とにおいを存分に楽しむ方法で、これは断然お勧めであります。また、みじんに刻んだものを熱いご飯の上にのせ、それに番茶の煮えくり返るほど熱いやつを注いで、フーフーいいながらかっ込むお茶漬けも爽快で素晴らしいですから、一度お試し下さい。

酒の肴として、そのまま一粒一粒いただくのもいいのですが、できればみじんに刻んだものを少量、豆腐の上にバラバラとまき、ちょうど冷奴の時の薬味のように使うと酒の肴として、抜群のでき栄えとなります。

もっと凝った肴を所望する方には私のオリジナルをお教えしておきましょう。

塩辛納豆を擂り鉢で当ててそれを市販の麺つゆで少し溶き、それに湯を加えて薄める形でちょうどよい塩味具合のつけ汁をつくります。この汁を蕎麦猪口にとり、そこにみじんに刻んだネギをパラパラとまいてから、この汁で湯豆腐をやるのです。これは古の香味が楽しめて絶品であります。

このような食べ方をみても、塩辛納豆は単に大豆を原料にした保存食品であるばかりではなく、主食であるデンプンに加えてタンパク質も供給するという栄養学的意味や、味が濃くて、その上食欲を躍起させるにおいをもつことから、質素な食卓でも飯を美味しく食べることができるという、調理学上の意味も含まれています。とにかく、あの小さな黒い一粒一粒には、そのようなことが知恵として、びっしり詰められているのです。

食酢

酒あれば酢あり

酢酸を含む液体酸性調味料が食酢で、日本では調理時に二杯酢、三杯酢などといって用います。それを使ってさまざまな酢のものができ、また炊いた飯に加えてすし飯としたりしています。世界的にはピクルスやニシン漬けなどの酢漬けがあり、マヨネーズやケチャップ、ドレッシングといった加工食品の原料にも多く使われ、最近では「酢の効用」などと題した単行本も多く出版されるに至っています。

今日、酢は非常に多く消費されています。例えば我が国の場合、一九七五年の国民一人当たりの食酢消費量は約二・二リットルでしたが、十年後の八五年には三リットルを超し、今日は五リットルを超す勢いです。

英語で食酢のことをビネガー（Vinegar）といいますが、その語源はフランス語の「vin aigre」すなわち「酸っぱいワイン」であります。このことからもわかるように、酢は酒からできます。正確にいえば、酒の中のエチルアルコールが酢酸菌で発酵されて酢酸が生じるのです。多くの発酵がブドウ糖を起点とするのに対し、酢酸菌は酒が大好きなようで酒（アルコール）に作用して酢をつくります。面白いですねえ。

酢をつくるための代表的な酢酸菌はアセトバクター・アセチ（Acetobacter aceti）で、その単菌の大きさは〇・三ミクロンほどです。目でみることはもちろんできず、一五〇〇～二〇〇〇倍の顕微鏡でやっとみえるくらいです。

空気中には無数の酢酸菌がいますから、酒の管理をちょっと油断しただけで「あれれ、俺の大好きな酒が酢に変身してしまった。残念だなあ」などということは、昔から少なくありませんでした。だから酢酸菌によって酢になってしまった酒のことを、中国では「苦酒（クオウチュウ）」、日本では「酸酒（からさけ）」、西欧では「酸っぱいブドウ酒」（ビネガー）と呼んだわけです。

紀元前五〇〇〇年ごろのバビロニアには食酢があったとされ、古代中国では周（しゅう）の時代、日本では応神（おうじん）天皇の時代（五世紀初頭）につくられ、食されていたといいますから実に歴史の古い嗜好（しこう）食品であります。日本の場合、大化改新（たいかのかいしん）後、「造酒司（さけのつかさ）」が置かれ、酒や醤（ひしお）の類（たぐい）とともに宮廷用の酢もつくられていました。

酢は酒（のアルコール）からできますから、世界の諸地域には、それぞれ伝統的な酒に対応する酢があるのは今も昔も変わりません。フランス、ドイツ、イタリア、スペイン、ポルトガルなどのワイン産出地域ではワインビネガーが、イギリス、北欧、アメリカなどの麦芽を使うウイスキーなどの酒づくりの国にはモルトビネガー（麦芽酢）が、そして日本のように米を原料として酒をつくる国には米酢や粕酢などがあるということになります。

重宝された四大理由

日本で最も広く食用されている米酢の製法は、蒸した米に米麹と水を加え、加熱攪拌して糖化させた後、これに酵母を加えてアルコール発酵させます。発酵が終ったところで、種酢を加えて今度は酢酸発酵させ、さらに二～三カ月間貯蔵熟成させて製品とします。

粕酢は、日本酒の酒粕にはまだ七～八パーセントものエチルアルコールが残っていますから、これを原料にしてつくる酢であります。熟成した酒粕に水を加えて液状とし、これを濾した液にアルコールを補足してから米酢と同様に酢酸菌で発酵熟成させて製品にします。

我が国において、酢を使った料理の具体的記載の最も古いものは『万葉集』巻十六にみられ、そこには「醤酢に蒜搗き合てて鯛願ふ　吾にな見えそ水葱の羹」という記述があります。塩と酒と醤油と酢は、古くから重要な調味料で、当時はそれを「四種」と呼び、この四種の調味料を小さな器に盛って、食膳に置く風習があったほどで、この「くす」は薬の「くす」にも通じる意味をもっていました。昔の人って、全くグルメだった上に、知恵も高かったんですなあ。

さらに奈良時代、青菜やナスの酢漬けの記載があり、ほかにゴマ酢や芥子(からし)酢、蓼(たで)酢といったあえ酢も多用していました。中世からは米飯に酢を混ぜる酢飯の調理法が開発されると、押しずしや早ずしの原型ができ上がりました。

このように、日本人が酢を大昔から非常に重宝して賞味してきたのには四つの大きな理由がありました。その第一は、酸味を味わうといった味覚上の理由、第二に酢のもつ強い殺菌力や防腐力を利用して、魚介類を酢漬けにしたり、酢じめにしたり、酢洗いにしてきたのであります。また酢のもつ防腐力を巧みに利用した保存法もあみ出していたのです。

第三は調理上の理由で、魚介類の生臭みを消したり、塩辛さを和らげるとともに、ゴボウやトロロイモ（長イモ）、レンコンなどのアク抜きや変色の防止にも酢を大いに役立ててきたのです。

そして第四の理由が保健的機能性を体験的に知ってのことであります。酢は昔から、体をやわらかくするとか、動きを機敏にするとか、疲労に効くとか、動脈硬化や脳卒中、高血圧に良いとか、肩凝りに効果てき面だとか、糖尿病に良いとか、湿布消炎剤に重宝だとかと、民間療法的にいわれてきました。そのため酢を意識的に摂取してきたわけですが、近年に至ってその効果は、医学的、生理学的な研究により明らかになってきました。

老化防止の効果も

酢の効能が一般的に知られるようになった大きなきっかけは「ＴＣＡ回路説」でした。アメリカのバーモント州は昔から罹病率が低く長寿者が多かったのですが、これは、この地方特有のリンゴ酢と蜂蜜を混ぜた「バーモント酢」のためではないか、という考え方が起こり、調べてみたところバーモント酢愛好者の多くが、酢を飲まない人に比べて肉体疲労度が少ないことなどがわかったのです。

そこでクローズアップされたのがＴＣＡ回路説というものでした。ＴＣＡ回路とは、人のエネルギー摂取のための重要な生体反応で、体内のブドウ糖（食事によって摂取した炭水化物が分解されて生じる）がさまざまな代謝物質に転換される過程で乳酸を生じますが、人の疲労の原因の一つに、筋肉を中心とした体内の乳酸の蓄積があるのです。この時、酢酸を体内に入れてやると、ＴＣＡ回路の循環を活発にし、ピルビン酸が乳酸に変化せず、分解されてしまうことがわかりました。つまり、酢には人の疲れのもととなる乳酸を消してしまう効果があるのです。酢は大したもんでありますねえ。

酢の機能はさまざまな方面から検討されており、その中には老化防止の効果も含まれています。高血圧の患者に臨床的に毎日一定量投与した場合、投与しなかったグループに比べて血中総コレステロール値や中性脂肪値が減少したという報告もあります。

また、体内の脂肪分解促進の効果が酢によってもたらされることも認められ、さらに高血圧症発生のメカニズムであるアンジオテンシン系の酵素を阻害する成分も発見されてきました。ほかに現在のところ、糖尿病に対する効果、肥満抑制効果、脂肪肝改善効果、過酸化脂質抑制効果、抗腫瘍(こうしゅよう)性効果などが実験的に認められています。

なお、酢の話を終えるに当たり料理の酢の名称について記しておきましょう。何せ、今の人たちはそんなことを知らない人も多いので、長く伝授するためにも書きとめておきましょう。

一度、煮立たせて少量の焼き塩を加え、火からおろして冷ましたのは「煮返し酢」。酢と醤油とを等量に合わせてから煮冷ましたのは「合わせ酢」。酢と塩、または酢と醤油とを適宜に合わせたのが「二杯酢」、これに酒または味醂(みりん)を加えたのが「三杯酢」。酢に砂糖を加えてから煮冷ましたものは「甘酢」。ゆでたホウレンソウの葉先を擂り鉢で擂り潰(つぶ)し、酢に溶きのばしたのは「青酢」。ゆでた卵黄を潰して酢に溶いたのは「黄身酢」、コンブを焼いて擂り潰したものに酢を加えて溶きのばしたものは「黒酢」。蓼の葉を擂り潰して酢に溶いたのは「蓼酢」、酢を小さな茶碗に入れ、そこにおこった堅炭火を入れて沸騰させたのが「焼き酢」であります。

チーズ

免疫力を高める

チーズは、その製法や発酵微生物の違いなどにより極めて多くの種類があり、ここでそれらを詳細に述べることは不可能であります。何しろ、ナチュラルチーズだけでも世界中で四〇〇種類以上あるといわれているほどなのです。

今、私の頭の中につらつらと浮かんでくる有名なチーズだけでもパルメザン、ゴーダ、エメンタール、エダム、チェダー、ロックフォール、カマンベール、ブルー、カッテージ、モッツァレラ、ゴルゴンゾラなどで、皆さんも知っているチーズばかりです。その一つひとつの解説は専門書にゆだねることにし、チーズの成分と栄養について述べましょう。

一般にチーズには、タンパク質と脂肪が二〇〜三〇パーセントも含まれていますので、カロリーやエネルギーに大変富んだ滋養食品です。さらに発酵・熟成する間に乳酸菌がさまざまな成分を分泌し、それがチーズに蓄積されているのです。

まず、原料乳がキモシン（凝乳酵素）で凝固されていますから、タンパク質や脂肪成分がぎゅっと濃縮された形で摂取できるのです。それが発酵によって、非常に消化吸収の良い形に変化していますので、栄養効率は理想的なほど高くなっています。チーズって頼りがいがあるのですなあ。

また、乳酸菌の分泌したプロテアーゼの作用で作られたペプチド（アミノ酸の集合体）が、生体機能（例えば肝機能）を強化していることがわかった上に、血中コレステロールを低下させるといった報告もあり、まったくチーズって偉いですねえ。

その上、昔からいわれてきた腸内細菌叢（さいきんそう）への影響が、何といっても期待されます。いわゆるアシドフィラス菌、あるいはビフィズス菌を腸内に安定した形で生息させるのですが、それには、チーズは格好の食べ物なのです。それらの腸内細菌叢は、腸内で有害菌の侵入を阻止したり、駆逐したりするのです。また、それらの菌叢は食べた人の免疫力も高め、さまざまな病気に対して抵抗力を高める作用のあることもわかってきています。チーズってすごいですなあ。

チーズの栄養的特性としては、ビタミンAとビタミンB_2、それに無機質（ミネラル）の優れた供給源となっていることが特筆されます。ビタミンAの場合、原料の牛乳に対して一〇〜二〇倍以上（チーズ全体の平均で一〇〇グラム当たり一五〇〜四〇〇ミリグラム）も含まれていますし、無機質では、パルメザンチーズを例にしますと、一〇〇グラム中にカルシウムがなんと一三〇〇ミリグラム、エメンタールで一二〇〇ミリグラムといったすごい量を含んでいるのです。さらに、リンも平均して一〇〇グラム中三五〇ミリグラムも含まれていて、とにかくチーズの成分には驚かされます。

乳酒

乳酸菌で発酵する

今述べましたチーズですが、日本ではこれをそのまま食べる人が圧倒的に多いのですが、工夫してさまざまに楽しんでほしいものです。私の友人が、チーズの切片をブランデーやウイスキーに一日中漬けて軟らかくして、それを用いて酒の香りのするチーズ料理を出してくれたことがありましたが、これもなかなかのものでしたなあ。

さて、このチーズと同じように動物の乳を乳酸菌で発酵させたものに「乳酒」があり、このところ注目されています。牛、羊、山羊、馬、ヤク、水牛などの乳を原料として、主として乳酸菌で発酵させた乳製品を「発酵乳」といいますが、それを大きく分けると「アルコール発酵乳」と「酸乳」とになり、前者はいわゆる「乳酒」、後者は主としてヨーグルトです。

乳酒の代表的なものはカフカス地方（黒海とカスピ海にはさまれたアジアとヨーロッパの境界地域）に伝わる「ケフィア」で、牛乳、山羊乳、羊乳を原料とし、乳酸菌と酵母で一五度で約三日間発酵させたものです。また、中央アジアの「クミス」は、馬乳を原料としてつくられる乳酒で、馬乳を容器に入れて放置し、自然発酵させてつくる酒であります。ほかにトルコやブルガリアの草原地方にみられる牛乳や馬乳での「レーベン」や、アフリカでみられる水牛乳での「マース」などがあります。

いずれもアルコール分は一パーセント前後で、酒というよりはヨーグルトに近いドロドロした凝固酒と考えてよろしい。つまり、酔おうと思ってもなかなか酔いません。なぜアルコールが少ないかといいますと、動物の乳に含まれている糖は乳糖で、アルコール発酵されにくい糖である上に、量もそんなに多く含まれていないからなのです。

しかしこれを飲むと、微量のアルコールとはいえ、体が温まったり、食欲が増したり、ストレスの解消や気分転換になるといった、いわゆる酒の効用が現れます。ケフィアを毎日のように飲んでいるカザフ族の人たちに効用を聞いたところ、口をそろえて「疲れが取れるよ」といっていました。やや熱めに温めて飲むと風邪に効くという人も何人かいて、日本の玉子酒のような考え方で面白いことでありました。

しかし、何といっても乳酒は、ドロドロとした発酵物の中に生きた乳酸菌が非常に多量に生息していますから、飲めば体内に入った菌が腸内で増殖し、整腸作用を行ってくれるという優れた点があります。乳酒は、次に述べますヨーグルトと大変よく似た健康機能性をもっています。

ヨーグルト

コレステロール排除の効果も

ヨーグルトの歴史は非常に古く、牧畜民族が哺乳(ほにゅう)動物を家畜化した有史以前からはじまっていたといわれています。そのヨーグルトが一躍有名になって、世界中で食べられるようになったのは、実は近年のことで、ロシアの生理学者でノーベル医学・生理学賞を受賞したI・メチニコフが、ブルガリアを中心としたバルカン半島に長寿者が多いのは、ヨーグルトの日常摂取によるという説を唱えたのがきっかけでした。

この不老長寿説により、ヨーグルトは欧米諸国で広くつくられるようになり、今日では全地球的食べ物に発展しました。なによりも製法が簡単なので爆発的な普及となったのです。

牛乳または脱脂粉乳にショ糖、硬化剤（寒天やゼラチン）などを混合し、加熱して溶かしてから三八度ぐらいまで温度を下げ、それに純粋培養した乳酸菌を加え、生育しやすい温度（そのまま三八～四〇度）を保って発酵させるとでき上がりです。硬化剤を加えたヨーグルトをハードヨーグルト、ショ糖も硬化剤も加えないで牛乳だけでつくるものをプレーンヨーグルト、乳酸発酵が終って凝固化したものを砕き、半流動状にしたものはソフトヨーグルトといいます。液状のドリンクヨーグルトや、アイスクリーム状に凍結したフローズンヨーグルトなどが市場に出まわっているのはご存じの通りであります。

そのヨーグルトの効用については多くの研究が展開され、次のようなことがわかってきています。まず第一は、原料の牛乳に由来する良質のタンパク質が豊富な上に、発酵することで消化吸収は抜群によくなっていること、次にビタミンB_2（成長の促進）、葉酸（ビタミンMと呼ばれる造血因子）が顕著に多いことといった滋養効果があげられます。さらに、乳糖不耐性症（いわゆる牛乳を飲むとお腹がゴロゴロとなり便がゆるむなどの症状）の防止、癌抑制効果（免疫賦活（ふかつ）作用）、発酵中に乳酸菌が生成したペプチドという物質が生体機能（例えば肝機能）を強化していること、血中コレステロール排除の効果――などが報告されています。そして何といってもヨーグルトから何百億個、何千億個という大量の乳酸菌が体内に取り入れられた場合の、有害腸内細菌の体外排除や整腸作用効果は最も知られたところであります。

原料乳を乳酸菌という発酵微生物で発酵させただけで、これだけの効果が付与されるのですから、「発酵」という神秘な現象には驚かされます。

発酵乳は偉い

ヨーグルトが癌抑制に効果があるとの報告が、最近あちこちの研究機関で発表されています。例えば順天堂大学の発表のように、免疫細胞（ＮＫ細胞）を増やすのに効果的であるという報告もあり、体内に入った乳酸菌のもつ免疫賦活作用がその要因となっているらしく、今後の研究成果が大いに期待されるところであります。

また食習慣上、多量のコレステロールを摂取しているアメリカ人の多くや、アフリカのケニアに住むマサイ族などの中には、極端にコレステロール値の低い人がいて注目されていました。そこでよく調べてみると、そのようなアメリカ人の間ではヨーグルトを多量に食べていたこと、またマサイ族の人はヨーグルトに極めて近い性状の発酵乳を多量に摂取していたことなどが、その要因となっていたことがわかりました。つまり血中コレステロール濃度の高い人にとって、ヨーグルトは実に有効な食べ物なんですなあ。全く発酵乳は偉い。

そして、何といってもヨーグルトから生きた乳酸菌を何百億個（微生物は単細胞なので一匹、二匹とは数えず、細胞の数を一個、二個と数えてその生息菌数を表すことになっています）、何千億個と大量に体内に取り入れた場合の癌予防効果も実に高いといわれているのです。ヒトが摂取した肉や魚のタンパク質が体内で分解される時、その一部がある種の有害腸内細菌の作用を受け、アゾ化合物やニトロ化合物、芳香族窒素化合物といった発癌物質が体内で生じることがあります。ところが、腸管内に多くの有用整腸菌群が生息していますと、それらの悪玉菌の生育を阻害したり、腸管から追い出してしまう働きをしてくれるので、大腸癌や直腸癌の予防にもなるというわけなんですねえ。全く有用整腸菌群も偉いこと。

ところでヨーグルトはさわやかな酸味と、特有のとろみ感覚があり、そしてうまみが濃いので大好きです。とりわけリンゴとの相性が大変よろしいのに気がついたので、アップルソース（皮むきリンゴを薄く切り、少量の水とともに鍋に入れ、中火で軟らかくなるまで煮てから裏ごししたもの）にヨーグルトをぶっかけ、そこに糖蜜をたらして甘くしたのを時々いただきますが、そりゃ、ほっぺた落ちるぐらいうまいですよ。

発酵茶

すべては同じ茶葉から

お茶の話を致しましょう。茶には「不発酵茶」「半発酵茶」「発酵茶」の三種類があり、不発酵茶とは、発酵過程を全く行わない茶で、普通の緑茶のことであります。そのつくり方は蒸し製と釜炒り製とがあり、前者には煎茶、玉露、抹茶、番茶、玉緑茶が、後者には玉緑茶の一部（嬉野茶と青柳茶）と中国緑茶がありますが、これらの茶は発酵とは関係ないので、以後取り上げないことにします。

次の半発酵茶は、中国のウーロン茶がその代表。さらに発酵茶には二種類あり、一つは紅茶に代表される酵素発酵茶、ほかは微生物発酵茶であります。

さて茶の場合、「発酵」という字が付いたからといっても必ずしも微生物が関与した発酵というわけではありません。

というのは、半発酵茶と発酵茶の場合、製造中に茶の葉にある酵素によって発酵に似た現象を起こし、茶葉が熟して茶となるため、発酵という名が付いたのです。

これに対して、非常に珍しく稀少（きしょう）な茶として微生物発酵茶があり、この茶はカビ（糸状菌）や細菌（乳酸菌や酪酸菌など）が関与してつくられた茶であります。

それでは半発酵茶（ウーロン茶）から述べます。製法はまず原料の生葉を一時間ほど日光に当て、時々攪拌（かくはん）して均一な萎凋（いちょう）（枯れたようになること）を図り、次に室内に移して発酵（酵素の作用）させます。発酵といっても温室中に積み上げ、一時間ごとに一〇〜一五分ほど攪拌するだけの簡易なもので、茶の周辺が褐色になり芳香を発します。

それをすぐに三五〇度前後で釜炒りし、その熱で酵素の働きを失わせるとでき上がりです。発酵期間中には、葉に存在するさまざまな酵素で成分変化が起こり、特有の香味と色が出ます。

例えば、あの赤褐色の色（紅茶にもあるが）は、茶成分の一種であるタンニンが生葉のポリフェノールオキシダーゼという酵素により酸化され、生じるものです。緑茶は摘んですぐに蒸したり炒ったりしますから、この酵素作用がなく、従って緑色のままということになります。また発酵させることにより、青臭さも消えて芳香となるわけです。

中国には、このウーロン茶に属する茶で包種茶（パオチオンツア）という茶があります。半発酵茶の発酵過程時に茉莉（モウリ）、黄枝（ホアンツー）、秀英（ショオイン）といった芳香を有する花を茶と交互に積み上げておき、花香を茶に移着させた後、乾燥したもので、幽玄の世界へと誘ってくれるような、耽美な香りが味わえます。

長期の保存が利く

紅茶も酵素による発酵茶に当たります。紅茶の原料生葉を、麻布や網で作られた萎凋棚の上に薄く広げて陰干しし、水分を飛ばして重量を三五〜四〇パーセントにします。次に揉捻機にかけて葉を細捻し、形状を整えますが、この操作で茶葉の細胞が破壊され、酵素が働きやすくなるのです。その揉捻茶は発酵室に移され、湿度九〇パーセント以上、品温二五度の環境下で三〇分から九〇分間発酵させます。

この段階で紅茶は赤銅色になり、香気も青臭さが消えて芳香が出、最後は葉を八五度に温めて乾燥させ製品にします。半発酵茶のウーロン茶との違いは、釜炒りして酵素の作用を失わせない点にあり、したがって紅茶は製品になっても酵素作用は少しずつ続き熟成していくのです。だからイギリスやスコットランド辺りでは、山の中の清涼な空気で何年も長期熟成した逸品の紅茶もあるほどです。以上の製造法をみていますと、半発酵茶のウーロン茶というのは、緑茶と紅茶の中間に位置するということがわかりますねえ。

さて、いよいよ微生物発酵茶の話です。この種の発酵茶はまれに地球上に点在してきましたが、今日ではさらに数が少なくなり貴重なものとなっています。代表的なものは中国に伝わる黒茶（ヘイツァ）で緑茶に麹菌やクモノスカビといった糸状菌を繁殖させたもので、黒褐色や茶褐色をしています。

雲南（うんなん）省特産の普洱茶（プウアルツァ）や広西（こうせい）チワン族自治区の六堡茶（リウパオツァ）が代表で、発酵の際に糸状菌の生産した酵素が、体内の脂肪分を分解し老廃物を一掃する（そのメカニズムなどはいまだ不明とされる）という、いわゆる「やせる茶」として、一時話題になったことのある茶です。緑茶を蒸してから圧搾してレンガのように硬くし、それを貯蔵している間に糸状菌が繁殖して発酵茶となるのです。

発酵が終り、再び熟成していくに従い価値も高まるというので、青海（せいかい）省辺りに行くとなんと十年も前のものだという、カッチンコッチンで真っ黒い茶を飲ませてくれたりします。とにかくこれらの茶は、中国の雲南省から四川（しせん）省に入り、さらに北に上って陝西（せんせい）省から内モンゴル、モンゴル、そしてチベット、ウイグルに至る広い地域で飲まれています。

つまり遊牧民にも愛飲されているお茶で、長期の保存が利く茶というわけです。チベットに行った時、遊牧民はこの茶を煮出して、それにバターと塩を入れてごちそうしてくれましたし、またモンゴルではこの茶に馬乳や牛乳を入れて飲ませてくれました。どうも慣れない味だったので大きめのカップで三杯ぐらいでやめましたが、体はすぐに温まりました。

国内では高知の碁石茶

さて普洱茶のような本格的な微生物発酵茶は、発酵王国日本にはあるのでしょうか。実はあるのですなあ、これが。それは高知県の「碁石茶(ごいし)」で、現存する我が国唯一の微生物発酵茶であります。同県大豊町(おおとよ)の特産で、古風な製造技術を持っています。この面白い名前は、発酵を終えた茶の葉を臼(うす)に入れてひき、それを手で団子状に固める時、その形が碁石に似てくるためといわれています。

ただ現地で長い間、碁石茶を作ってきた古老によりますと、発酵工程を終えた茶葉を、メフリと呼ぶ竹製の籠(かご)に入れて揺すって寝かせているうちに、角がとれて碁石状になるとのことでした。

その製法は、自生の山茶の葉を茶籠蒸籠(せいろ)に入れ、二時間ほど蒸し、蒸し上がったら葉だけを蓆に広げて四〇～六〇センチメートルの厚みに積み、さらにその上にも蓆をかぶせ、五～七日間「前発酵」させると、カビが一面に出ます。

次に茶を漬け込む桶にこの茶を移し、蒸し釜にたまった茶汁を上から適当にかけながら、茶の葉を足で踏み込みます。さらに重石を乗せて約十日間寝かせ「本発酵」を行うのです。本発酵が終った葉を、茶切り包丁でさらに小さく刻み、再び漬け桶に入れて足で踏み固め、二〜三日「後発酵」させ、それをメフリで寝かせた後、蓆に広げて直射日光で乾かし、でき上がりです。

しかし昔から、地元よりも隣の香川県塩飽（しわく）諸島の茶粥用の茶として需要がありました。島の水は塩分を多く含んでいるため、この薄い塩辛さと碁石茶の酸味と渋い味、そして発酵茶特有のにおいが、島民の食性にピッタリ合ったからだといわれてきました。私も大豊町の碁石茶を取り寄せて茶粥にして賞味したところ、なかなかうまかったなあ。あっという間に、どんぶり二杯の茶粥が胃袋にすっ飛んで入っていったのです。

この茶の発酵は、前発酵がカビ類、本発酵が乳酸菌や酪酸菌のような細菌、後発酵がそれらの微生物が分泌した酵素の熟成作用によって進められていきます。茶をつくるのに三段階に分けて発酵を行う製法には、全く興味の尽きないものがあります。

このような微生物発酵茶は、昔は高知県のほか富山県や岐阜県などにもありましたが、今はつくられなくなったということです。まことに残念なことであります。

「朝茶はその日の難逃れ」と昔からいわれるように、茶は体に優しい飲み物です。モンゴルに行った時、微生物発酵茶を馬乳に混ぜて飲ませてくれた古老は、「茶一日無くば則（すなわ）ち病む」と茶の効用を紙に書いてくれました。

熟鮓

すしの先祖

魚介類を細菌や酵母で発酵させた発酵食品は多種にわたりますが、その代表は何といっても「熟鮓(なれずし)」でありましょう。熟鮓は魚介を飯とともに重石(おもし)で圧(お)し、長い日数をかけ、乳酸菌を主体とした微生物で発酵させたもので、近江（滋賀県）の鮒鮓(ふなずし)や紀州（和歌山県）のサンマの熟鮓に代表される、とにかくにおいの強烈なあの「くせもの」たちのことであります。

その原型は中国や東南アジアに古くから伝承されたもので、日本には非常に古い時代に流入してきたと考えられています。紀元前四〜三世紀の成立とされる中国最古の辞書『爾雅(じが)』（周代から漢代のさまざまな経典や諸経書を採録、解説した書）には、すでに「すし」についての記述がありますが、それによると「鮓(さ)」というのが魚の貯蔵品、「鮨(し)」が魚の塩辛、「醢(かい)」は肉の塩辛で、その素材には鯉や草魚(そうぎょ)、鯰(なまず)などの川魚、鹿、ウサギ、山鳥などの肉が使われていたとあります。このように、すしの元祖は魚や肉の漬け物とみてよく、今日の私たちがすしにもつイメージとは大いに異なるものでした。

中国南部の雲南省・西双版納（シーサンパンナ）やタイ、ラオス、カンボジアなどのメコン川流域民族、ヒマラヤ山麓（さんろく）民族などにも熟鮓文化があり、この辺りが最も古い地域ともいわれています。このように、すしの始まりが山岳民族によってつくられ出したのは不思議な話ですが、それはいつも魚介の捕れる海辺の人たちと違って、山では肉や魚を長く保存しなければならず、その必要から生まれた知恵なのであります。

偶然ですが、日本にも昔、「山の塩辛」というべき保存食がありました。岐阜県や長野県の山奥でつくられた「鶫鱁鮧（つぐみうるか）」というのがそれで、鶫の腸をしごいて内容物を取り出し、肉とともによくたたき、塩を加えて発酵させた野鳥の塩辛です。食べ物ともなると、日本人は実にいろいろなものを考え出すものですなあ。

熟鮓の代表格である近江の鮒鮓の場合、四～五月ごろの産卵前の鮒（ニゴロブナ）に塩を振って漬け込み、それを七月土用に、鮓桶（すしおけ）に飯と鮒を交互に詰め込んで本漬けとし、強く重石をして発酵させ、正月ごろから食卓に供します。鮒のほか鯇（あめのうお）（アマゴ）、モロコ鮠（はや）、オイカワ、ドジョウ、ウナギなどの鮓も昔は多かったようです。漬け込んでいる間、まず乳酸菌が飯に作用して乳酸をつくり、飯と魚全体を酸っぱくしてpH（水素イオン指数）を下げ、防腐効果を保たせます。この時、魚のタンパク質の一部がアミノ酸に変わって、うまみを増しますが、肝心のあの強烈な臭みは発酵の初期から中期にかけて出てきます。何と申しましても、発酵してつくる鮓にあの臭みがないと物足りませんからねえ。

日本海沿岸に数多く

鮒鮓がじっくり漬け上がったところで、包丁を入れて適当な厚さに切り、やや紅がかった黄金色の卵巣を肉身とともに少し口にほおばる。その奥行きの深い味わいとにおいは、しみじみと日本人であることの喜びを感じさせてくれるからうれしいものです。

日本酒の肴としても格好で、またお茶漬けにしても絶妙で、丼の熱いご飯の上に薄く切った鮒鮓を軽く三、四枚敷き詰め、その上に辛子とネギのみじん切りを添えて、上から熱いお茶をかけていただく。すると鮓の酸味と飯の甘みが互いに融合し合って絡みつき、その風味は雑念を払って没頭できるほどの奥行きをもっています。丼二杯ぐらいはあっという間に胃袋にすっ飛んで入ってしまう。

古代文化は大陸から海を渡って入ってきたものですから、日本海沿岸の食文化と大陸伝来の熟鮓は、古くて深い関係にあります。ですから魚介を発酵させてつくる食べ物といえば、日本海沿岸はその伝統に満ちており、圧倒的に種類も多く、例えば日本海沿岸には、鯖、鱒、鮭などを原料とした熟鮓がいたる所にあって、昔から庶民とともに育ってきました。近江の鮒鮓も、元をたぐれば日本海から鯖の道を通ってやってきた日本海文化の一つだといわれています。

富山県砺波平野の南端にある浄土真宗の城端別院善徳寺（南砺市）の虫干法会と、井波別院瑞泉寺（南砺市）の太子伝会では、毎年七月二十二日から二十八日まで参詣者に鯖の熟鮓を斎として供する習慣が今も残っています。「不許葷酒入山門（葷酒、山門に入るを許さず）」と戒めて、生臭いものを嫌う僧門ですら、古い時代から食べていたのでありますから、庶民の熟鮓喰いは推して知るべしというわけです。

井波別院の漬け込み法は、鯖一五〇〇匹に塩四〇キログラム、飯米九〇キログラム、米麹三〇キログラム、山椒の葉及び唐辛子、日本酒少々を原料として四斗樽の鮓桶を一三樽用いて仕込む。約六〇キログラムの重石をして、六十日間発酵を行います。

日本海沿岸には、ほかに秋田の鰰鮓や石川県の蕪鮓といったすしのほかに、塩魚汁や、魚汁（イカ腸や鰯の魚醤）、石川県や富山県のイカの塩辛の発酵品、鰯や鯖の糠漬け（へしこ）など魚介類の発酵食品が実に豊富であります。

ともあれ、日本に伝来した最初の「すし」はすべて熟鮓でありました。それも魚の保存を目的としたものばかりでしたから、その食法は現代まで伝わってきたのです。だから今日でも熟鮓は、漬け込んだ魚が主体で、飯は副体の漬け物なのです。

巧妙な知恵の食べ物

こうして、最初は魚介類の保存食品として中国から入ってきた熟鮓も、長い時間の中で日本人の知恵によって、重石で圧するという日本古来の漬け物スタイルとなり発展してきたのであります。とにかく日本人というのは、たとえそれが海の外から入ってきたものとはいえ、いつの間にか知恵を発揮して、自分たちの文化としてつくり、変えていく特技を昔からもっているのですなあ。

熟鮓は魚の長期保存のみならず、発酵中の微生物がさまざまなビタミン群を多量に生成しますから、ビタミンの含有量が豊富であり、昔の人たちにとってはビタミン補給という点でも優れた食品でありました。その上、熟鮓に含まれている良質の乳酸菌や酪酸菌は生きた活性菌であるため、これを食べると整腸作用に効果があり、腐敗菌の繁殖を阻止する細菌群が多量に腸内にすみついて腸を整えるのであります。熟鮓も大したものなんですねえ。

それでなくとも質素で素朴な食生活を送ってきた日本人にとっては、熟鮓は実に貴重な発酵食品であり、まことに巧妙な知恵の食べ物ということができます。

太平洋岸の熟鮓で特に有名なのは和歌山県新宮(しんぐう)市や有田(ありだ)郡、海草(かいそう)郡一帯で、この地方の熟鮓は、日本海文化系の熟鮓とは異なって黒潮海流に乗ってもたらされたものとされ、やはり大変に古い歴史をもったものであります。

サンマ、鯖、鮎(あゆ)、鮠(はや)などを背開きにして塩をたっぷり加え、短いもので一ヵ月、長いものでは一年も漬け込みます。これを水に一度さらして塩抜きをした後、やわらかめに炊いた飯を棒状に丸めて魚の腹に抱かせ、これをすき間なく鮓樽に詰めて夏場でおよそ二週間、冬なら一ヵ月ほど重石で圧して発酵させます。でき上がった熟鮓は独特の癖のある臭みをもつので「くされずし」とも呼ばれ、酢を一切使わない自然発酵で酸味を醸した、昔ながらの保存食であります。

新宮市に東宝茶屋という料亭があり、ここには「食の化石」あるいは「食の世界遺産」とでも表現したいほどの珍味中の珍味があります。サンマの熟鮓を三十年も寝かせた「本熟(ほんなれ)」がそれで、粥状に溶けたサンマや飯があたかもヨーグルトのような様相と風味を呈しています。私はこれを初めて口にした時、熟鮓の素晴らしさの原点に触れたような思いで感動したものでした。ご主人の松原郁生さんは紀州熟鮓の名人で、サンマ熟鮓を大きな壺(つぼ)に仕込んで、それを長年寝かせていますが、そこには悠久の時間を通り過ぎてきた、熟成し切った本熟がひっそりと息づいていて、実に感動的でありました。

整腸や風邪対策に

富山県や滋賀県、和歌山県のほかに奈良県吉野地方の鮎の熟鮓や金沢市の蕪鮓、大根鮓もよく知られた熟鮓であります。

蕪鮓は一見、蕪の漬け物のようにも見えますが、れっきとした熟鮓の一つで、寒ブリを蕪にはさんで麹とともに仕込んだものです。これを厳しい寒さの中で四十日間ほどじっくりと発酵・熟成させます。熟鮓特有のにおいがなく、麹と蕪の甘みとブリの塩味とうまみ、そして発酵での酸味が上品に調和し合い、発酵の素晴らしさが全体にしみ込んだ逸品です。食べ始めたら、もう、どうにも止まらなくなるので困ります。

これまで述べてきたように、熟鮓は魚や肉などの保存法として大いに重宝されただけでなく、滋養食としての活用も行われてきました。特に熟鮓を食べることで体験した保健的効果を見逃さずに、次第に意識的に摂取し、体調維持に役立ててきました。こうした知恵は熟鮓だけでなく、納豆やヨーグルトなどの発酵食品に共通してみられるものであります。

そこで琵琶湖の周辺に住み、長く鮒鮓を食べてきた人たち、並びに、同じ滋賀県のいわゆる鯖街道の朽木村（現高島市）辺りの道中筋に住み、長く鯖熟鮓を食べてきた人たちを対象に「鮒鮓や鯖鮓を食べてきて、どんな保健的効果があったか」という調査をしてみたことがあります。

調べたのは滋賀県伊香郡余呉町（現長浜市）にあった財団法人・日本発酵機構余呉研究所で、実は私はそこの所長も兼ねていたので、研究所の仕事のひとつとして調査・研究に当たったのです。

まず、その調査で一番多かったのがお通じが良くなる（便秘の解消）、二番目が下痢が止まる、三番目は疲れた胃がすっきりする、四番目は疲労が回復する、五番目は風邪に効くでありました。

一番と二番は「整腸剤」の作用ということでしょう。五番目の「風邪に効く」には、共通した方法が挙げられていました。それは、熟鮓をどんぶりに入れ、熱湯をかけて飲むと異常なほど発汗が起こる。それですぐに布団をかぶって寝て汗をかくと、翌日にはケロリと治ってしまうというものでありました。

そのほか、年配の女性たちからは、鮒鮓を食べると産後の母乳の出具合が良くなったという体験が三十数件寄せられました。鯖鮓の調査でも、鮒鮓と共通した回答が多かったのは、熟鮓の共通した特徴ともいえるでしょう。

昔からある意味では薬喰い的な熟鮓の食べ方があったわけで、今日のように薬があり余る時代でなく、医薬品が乏しい時に、このような知恵があったことは驚きであり、感動すら覚えます。

最後に、今日日本各地でつくられている熟鮓について簡単に紹介しておきます。

【鮎の熟鮓】滋賀県、福井県、富山県、和歌山県、奈良県、島根県、その他

新鮮な鮎の腹を割いて臓物を去り、そのまま塩漬けにして一日置く。翌日塩水でよく洗い、えらを取り、骨を抜いてから清水でよく洗う。それを酢に漬けてから引き上げ、別に酢飯を炊いてよく冷ましたものを握って腹に詰める。これを漬け桶に並べて酢飯を巻き込み、漬け重ねていってから、上から蓋(ふた)をして圧をかける。酢飯以外に麹を加えるところもある。だいたい三カ月間発酵させる。このような本熟鮎鮓のほかに早鮓タイプがあり、これは塩じめ後に酢洗いした鮎を酢飯とともに十日間ほど漬け込む。

【鯖の熟鮓】和歌山県有田市、日高(ひだか)町、三重県熊野(くまの)市、滋賀県旧朽木村、福井県小浜(おばま)市、敦賀(つるが)市、富山県旧井波町、旧城端(じょうはな)町、その他

鯖の熟鮓も非常に古い歴史をもっている。脂肪ののっていない時期（五〜六月）の新鮮な鯖の腹を割り、一度塩漬けしてから本漬けに入る。本漬けは炊いた飯を腹に抱かせ、それを漬け桶に飯とともに交互に漬け込んでいって、最後に上から重石をして三〜六カ月間発酵させる（本熟）。これより発酵期間を短くした（四十日ほどの発酵）

のが「半熟れ」といい、さらに短く二週間から一カ月以内のものを「生熟れ」という。炊いた飯だけでなく麹を用いるところもある。

【めずし】滋賀県琵琶湖南部（近江八幡市安土町周辺）、湖北部

「めずし」とは、夏場に食べる熟れの浅い鮓のことで、昔、芽タデが添えられたからこの名があるという。原料となる魚はオイカワ（ハイ、ハイジャコともいう）やモロコ、小鮎で、背開きにしてから内臓を取り出し、骨が硬いのはたたいて骨を潰しておく。それを洗わないでそのまま塩漬け（塩切り）して、めずしが入用となる夏まで置いておく。だいたい、夏のお盆のときに食べるのが習慣で、お盆の四日ほど前にその塩漬けオイカワを取り出し、一度水に浸けて塩抜きし、それを水切りして水気を布巾で拭いた後、一〇分ぐらい酢に漬け、これを漬け桶に飯とともに層に漬け込んでいき、三日から四日後に食する。

【サンマずし】和歌山県南部（南紀）地方

サンマの頭や内臓、中骨を去った後、腹割りし、よく水洗いしてから食塩水に二、三時間漬けたあと、水洗いする（このとき腹部の小骨を抜く）。次に水を切って日干しまたは陰干ししてから一夜漬けにする。酢を切ってから酢飯（米一升に対して酢〇・

一八リットル、食塩四〇グラム、砂糖一五〇グラム）を握って腹に抱き込ませる。これを一昼夜置いて味を熟れさせ、切って食べる。

【鰰ずし】秋田県

鰰ずしは秋田の正月には欠かすことのできない郷土料理である。十一月下旬から十二月にかけて、男鹿半島付近に押し寄せる鰰でつくる熟鮓。「一匹漬け」と称して、頭、尾、内臓（ブリコ＝卵巣は残す）を取り除き、四つ切りにしてから一日数回、水を取り替えながら三日ほど続けて、赤い汁が出なくなるまで水洗いする。これを水切りしてから一日酢に漬ける。一方では飯を炊き、これに麹と塩を加え、よく混ぜる。ニンジン、カブは千切りにしておき、さらにコンブやユズを刻んでおく。

よく洗った樽に鰰を敷き、その上に飯を敷いて野菜類やコンブ、ユズなどをふりかけ、さらにその上に鰰と、くり返し層に漬け込んでいく。上から蓋をし、重石をして二～三週間発酵させてから食べる。仕込み配合は鰰一五キログラム、飯四・二キログラム、塩一キログラム、麹二・五キログラム、カブ三キログラム、コンブ四〇グラム、ユズ五個、酢〇・三五リットル。

これは実にうまい。シコシコとした鰰の身から濃いが上品なうま味が出てきて、そこに米麹からの微かな甘味がのるものだから一匹、二匹と、ついついたくさん食べてしまうことになる。

【ニシンずし】北海道

生のニシンの頭、内臓、尾、骨を除き、それを水洗いしてから適宜の大きさに切る。それを食塩水中に一夜漬けて肉を締め、次いで日に数回換水しながら二日ぐらい淡水で水さらしをする。これを水切りし、樽に魚を入れ、飯、麹、日本酒、味醂(みりん)、酢、野菜(薄切りや千切りにしたニンジン、大根、ショウガなど)とともに漬け込む。十一月ごろ漬け込めば正月には食べられる。仕込み配合はニシン四キログラム、ニンジン二キログラム、大根四キログラム、白米一・五キログラム、日本酒〇・九リットル、麹三〇〇グラム、酢〇・二リットル、味醂〇・九リットル、ショウガ少々。ニシンの代わりにサケを使うこともある。

麹

日本のカビ食文化

麹は蒸した穀物に麹菌（麹カビ）が繁殖してできた素晴らしい発酵食品です。

昔から日本に麹があったからこそ、この国の食文化は一段と特徴づけられて育ってきました。日本酒、醤油、味噌、焼酎、味醂、一部の漬け物、甘酒、米酢など、我が国を代表する伝統的嗜好物は、麹が原料となって醸されてきているからであります。したがって、麹の存在なくして日本の食文化は語れないといっても過言ではなく、麹は立派な働きをしてくれますねえ。

日本にこのように色濃く発達してきたカビ食文化は西欧やアメリカ、アフリカ大陸などにはほとんどありません。せいぜいカビをはやしたチーズ（カマンベールやブルーチーズ）ぐらいですが、その理由は、カビは乾燥地帯には発生しにくく日本のような多湿地帯でよく生育するためであります。

酒をみても、日本を中心とした東アジアや東南アジアにカビを使う酒づくりが発達したのは、カビが生きていくために必要な湿潤気候がもたらした自然の恩恵であり、そのためカビのない西欧には麦芽を使う酒づくりが必然的に発生したのであります。

さて麴菌は煮たり蒸したりした穀物によく生育します。例えば米を蒸して、種麴（麴菌の胞子）をまいてやり、一定温度（三五度付近）に保つと、四八時間後には蒸し米の表面全体に菌糸を作り麴ができます。

また、煮た大豆に、同じく種麴をまいて保温すると、七二時間後には大豆麴ができますが、これは醬油や味噌の重要な原料となります。

最近、それらの麴の中に、人の体にとって重要な機能をもつ物質が次々と発見され、注目され始めました。言いかえれば、麴をつくり上げる麴菌が人の健康維持や老化制御など重要な問題に、極めて興味深い機能性物質を生産していることがわかり始めたのです。

一粒になんと四〇〇成分

麴菌のつくる特殊機能性物質は、最近の研究によっていくつかわかり、アンジオテンシン変換阻害酵素もその一つです。大豆麴や味噌麴に多く含まれていますが、日本酒の酒粕（さけかす）にも含まれていることが報告されています。この物質は特殊なタンパク質でできており、血圧を平常に保つ働きがあるといわれています。

麹菌はまた、非常に優れた消化酵素を生産します。お手元にある市販の胃腸薬の説明書を見るとわかりますが、必ずといっていいほどアミラーゼ（デンプン分解酵素）とかプロテアーゼ（タンパク質分解酵素）とか脂肪分解酵素とか、それらを総称してジアスターゼといった消化酵素が添加されています。それらの酵素の多くが、麹菌を液体培養し、そこから抽出した酵素製剤で、胃腸薬に入れられたそれらの消化酵素は、弱った胃に代わって食べ物を分解し、栄養成分を体内に吸収される形に変えてくれるのです。

したがって米麹そのものにも消化酵素は活性の状態で大量に含まれており、また麹でつくった甘酒などにも大いに含まれることになります。麹菌って、これまた大したものなんですなあ。

このところ胃腸薬のみならず粉末洗剤にまでそのような酵素が入れられていて、肌着や衣服に付着した脂肪や垢を分解してきれいにするのは周知の通りであります。

さて、少し前のことですが、秋田大学医学部の滝澤行雄名誉教授（公衆衛生学）らは、日本酒に癌細胞の増殖を抑える成分が存在することを明らかにし、医学雑誌や新聞紙上をにぎわしました。

また、その少し後に、麹菌の研究グループらの手によって、麹菌のみが生産するアスペラチンという物質が、やはり癌細胞の増殖を抑える効果があることを見いだし、国際学会で発表しました。いずれの研究も麹菌の生産物に起因していることが注目され、今後の研究が大いに期待されています。

麹菌は、このような多くの特殊機能性物質をつくるほかに、多種にわたる必須ビタミン類を生合成して麹の中に残していってくれます。また必須アミノ酸やペプチド、ミネラルなども豊富に含むなど、ある研究によると、麹というあの小さな一粒の中になんと四〇〇成分もの物質が詰め込まれているということですから驚きです。これまでに知られていない、もっと素晴らしい機能性をもった物質も、恐らくその中にあると思われ、そういう意味で、麹という日本特有の発酵物を日本人はもっともっと知るべきであり、また利用するべきであります。

発酵肉

風味と保存性の両立

肉を微生物で発酵させ、香味をつけると同時に、防腐効果を高めて保存性を長くさせる発酵肉。その製造は、古くからヨーロッパで行われてきました。

中でも有名なのはサラミソーセージ、ジェーアソーセージ、ペパロニソーセージといったドライソーセージや、チューリンガーソーセージ、セルベラートソーセージ、モルタデラソーセージなどのセミドライソーセージであります。またスコッチハム、ウエストファリアンハム、スミスフィールドハム、プロシュートハムのようないわゆるカントリーハムのたぐいにも、発酵をほどこして特有の風味をもたせたものが多くみられます。どれもこれも想像しただけで涎(よだれ)が止まりませんねえ。

ドライソーセージの場合、キュアリング（塩漬け）した牛やブタのあらびき肉に、食塩や香辛料を加えて腸に詰め、長期間（一〜三ヵ月間）の熟成と乾燥を行います。これによって水分含量が三五パーセント以下となり、相対的に食塩濃度が増加します。

この間に乳酸菌による乳酸発酵が起こって水素イオン濃度（pH）が低下し、そのため汚染菌や腐敗菌の増殖が抑制され、長期の保存が可能となるのです。その上、製品に発酵によってできる奥行きのある風味を蓄積することができます。

ドライソーセージやカントリーハムは、その製造工程で全く加熱処理がないため、有害な腐敗菌による汚染は必至となるはずですが、それをこのような発酵を行うことにより、完全に防いでいます。昔はキュアリング期間を長くして、自然に入ってきた乳酸菌で発酵を行っていました。しかし今では多くの場合、ピックル（漬け汁）やあらびき肉に、硝酸還元細菌と乳酸菌を培養したスターター（発酵のきっかけとなる菌）が添加されています。

この発酵菌の添加は、腐敗菌や悪質菌の生育を抑制するとともに、キュアリングの際に、肉の鮮色を固定するために添加された硝酸塩や亜硝酸塩の残存量を低下させてもいます。その上、風味物質も付与でき、さらに長期の保存が利くなど多くの有利点をもっています。

またヨーロッパの田舎に行きますと、ドライソーセージや大型の肉塊ハムの外皮に、青カビを繁殖させたものをみかけることがありますが、これは発酵による風味物質の蓄積と保存のためです。とにかく発酵させると、さまざまな素晴らしいことが起き、さらにかぐわしきにおいが立ってくるのはうれしいことですねえ。

鰹節に似た「火腿」

さて中国には、「火腿」と呼ぶ肉の発酵食品があります。実はこの食べ物、日本の鰹節に大変よく似ています。両烏豚と呼ばれる、火腿をつくる目的だけに品種改良された中型の豚（この豚の飼育には、決して残飯とか小麦、コーリャンなどの穀物は与えず、野菜を発酵させたような物だけで育てる。こうすると、不要な脂肪があまりつかないので良質の火腿ができる）の腿だけを原料にして、これにカビを中心にした発酵菌を繁殖させてつくる保存食品です。

軽く塩漬けにした腿を発酵室に吊るしておくと、そのうちカビがついてきます。これをさらに半年ぐらい発酵と熟成を重ね完成品としますが、表面を覆っていたカビを払い取ると、アメ色というかロウソクの炎のような美しい色が現れ、そのため、この発酵食品を「火腿」と呼ぶのです。その色は実に幻想的でありますよ。

日本の鰹節は鰹を原料にして、それをカビで発酵させてカチンコチンに硬くした保存食品ですが、中国の火腿は豚肉が原料で、それをカビを中心とした発酵菌でカチンコチンに硬くした食品なのです。中国では八百年も前から火腿をつくってきた歴史があり、その食べ方は日本の鰹節と同じくだしを取ったり、あるいは切って煮物にしたり炒め物にします。

ただし、火腿と日本の鰹節が似ているのは偶然の一致で、歴史的にも互いは全く関係がありません。なお中国には中国ハムという、私たちが通常食べているハムと同じ一般的なハムもあります。日本ではこれを「火腿」と紹介している本がありますが、その中国ハムと火腿は別物なので、間違ってはいけません。

その火腿は非常に高価なもので、ほとんど香港に運び出され、中国の外貨獲得のために貢献しています。そのため、製品一本一本に番号がつけられ厳重管理されているほどなのです。私も火腿の工場を何度か訪れ、食べてみましたが、味が大変に濃厚で、これでは美味な料理ができても不思議ではないと感心したのでした。とにかく中国に行きますと、何が出てくるかわからぬほど珍しい発酵食品に出合えるので、うれしい限りであります。

ナタ・デ・ココ

実はタンパク質も豊富

「ナタ・デ・ココ」は、フィリピンのルソン島でつくられている発酵食品であります。いつ食べてもシコシコとした歯応(はごた)えが楽しいですなあ。近年まで日本人はこの不思議な食べものを全く知りませんでしたが、一九九二（平成四）年に大手ファミリーレストランのデニーズがメニューに加えたことで知られるようになり、それがマスコミで取り上げられ、デザートや菓子として売られたのが最初です。原料のココナッツの実を割って、コプラ（胚乳(はいにゅう)を乾燥してつくった、脂肪に富んだ部分。せっけんやマーガリン、菓子の原料）をつくる時に出る果汁を原料とします。

製法は、果汁を殺菌してから、砂糖や、少量のリン酸アンモニウム、少量の酒を加え加熱殺菌し、それに酢酸菌アセトバクター・キシリナムの菌種を加え、瓶に分け入れる。その瓶を棚に並べて十〜十四日ほど培養すると、表面に酢酸菌がつくった一・五〜二・〇センチメートルぐらいの菌膜ができるので、取り出して水に浸(つ)け、酢酸を洗い出します。これを天日にさらしたり、漂白して、シロップ漬けなどの原料にするのです。食用となる厚い膜は酢酸菌の生産した繊維で、一時話題となった紅茶キノコのたぐいであります。

一方、インドネシアの中部ジャワ島には、同じココナツ発酵食品の「ダゲ」がありまｓ。原料はココナツの実から油を搾ったあとのかすで、それを一晩水に浸け、袋に入れてから搾り、煮てから冷まし、ラギダゲという麹を粉末にして混ぜます。それを竹製のスノコに広げ、室温で二日間発酵させ、乾燥して製品とします。発酵を司る主要菌は、毛カビと乳酸菌ですが、毛カビの繁殖により、出来上がったダゲは真っ黒。食べ方は油で揚げるのが一般的で、廃棄物を発酵で再利用する知恵の食べ物といえます。

また「セマイ」は、ココナツの搾りかすを発酵させた伝統食品で、中部ジャワのバニュマスで生産されます。ココナツの搾りかすをバナナの葉で包み、それを蒸してから布袋に詰め替え、カゴに入れて室温三〇度で三日間発酵させます。面白いのは、種菌（スターター）を添加しないことですが、では一体、発酵菌はどこから来るのかというと、ココナツ搾りかす由来の微生物のうち、蒸しても生き残る有胞子菌（耐熱菌）が発酵に関与していることがわかりました。

発酵が終了したセマイは、ベトベトして非常にやわらかく、特有のにおいがありますが、食べる時には細かくした黒砂糖、塩、ニンニク、ショウガ、タマネギ、唐辛子などを混ぜ、バナナの葉で包み、蒸し上げて食べます。

これら一連の発酵食品は、成分の大半が繊維素であるため、便通を良くし、発酵しているので菌体のタンパク質も豊かで、その上、さまざまなビタミン類を多く含んでいます。

鰹節

硬さの秘密とは

「世界で一番硬い食べ物は何だろうか」という質問をすると、ほとんどの人は「えーと」とか「うーん」とかしばらく考えますが、すぐに答えが出ない。そして、身近な食卓にある、日本の鰹節だというと、誰もが「あっ、そうか」とうなずきます。実は本当に鰹節は世界一硬い食べ物なのです。

鰹の刺身やたたきを、ニンニクを薬味にして口いっぱいにほおばって顎下に下す豪快さとおいしさが忘れられず、旬には生まれ故郷に近い福島県いわき市の小名浜まで行って堪能する私ですが、いくら鰹が大好物でも、鰹節には歯が立ちません。

ある時、鰹節が本当に世界ナンバーワンの硬さなのか調べてみたことがあります。鰹節に対抗するのは中華料理の重要材料の一つ「乾鮑」、つまり鮑を干してカチンカチンにした硬い食材で、硬さの測定には食材の硬さを測る最新の測定機を使いました。

その結果、一平方センチメートルにかけた圧力を反発する力の量は圧倒的に鰹節が強く、その他さまざまな実験でも鰹節に軍配が上がりました。また、鰹節にゆっくり力をかけると、ある力のところで「バン！」と音を立てて折れてしまいますが、乾鮑はしなやかにねじれるなどの違いもありました。

では、一体どうして鰹という魚が鉋で削らなくてはならないほど剛硬になったのか。実はそれは、麴菌の仲間の発酵作用によるものなのです。

まず鰹節のつくり方を簡単に述べておきましょう。最初に原料の鰹を三枚におろして煮かごに入れ、一時間半ほど煮た後、冷まします。これを骨抜きしてから底をスノコ張りにした木の箱に四、五枚重ねて入れ、焙乾室で硬い薪材を燃やしていぶし、数日間かけて乾燥させます。これが「荒節」といわれるもので、舟形に削ったものを「裸節」といいます。

これを四〜五日間日光で乾かしてから、常に使用しているカビ付け用の樽や桶、箱、室などに入れます。この使い古された容器や室には、鰹節菌と呼ばれる麴カビの一種が多数生息していますから、裸節を二週間も入れておくと、表面にカビが密生します（一番カビ）。これを取り出してカビの胞子を刷毛で払い落として日干しし、再びカビ付けの容器や室に入れます。二週間でカビは再度密生します（二番カビ）ので、前と同様の操作を繰り返し、三番カビ、四番カビを付け、最後に十分に乾燥し、製品とします。ずいぶんと手間暇かけて鰹節はでき上がるのですねえ。

日本人に「うまみ」教え

さて、どうして鰹節製造の時にこのように頻繁にカビを付けるのか、読者の皆さんは不思議に思うでしょう。その理由は、カビを付けていない裸節の水分をカビが吸い取ってしまうからなのです。

他の微生物に比べ、カビの生育には実に多くの水分が必要で、湿度の多い梅雨時にさまざまなカビが生えるのはそのためで、乾燥地帯で降雨量、湿度の少ないヨーロッパに、カマンベールチーズぐらいしかカビが関与した食べ物がないのもそのためなのです。

カビはまず、生きるために鰹節表面の水分を吸い尽くします。すると表面が乾燥状態になるので、今度はさらに奥の水分が乾燥した表面に移り、その水分がまたカビに吸い取られる。こうして最終的にカビに吸い出されて節内の水はほとんどなくなり、全体が乾燥した状態になるのです。

ですから、三〜四回もカビが付いて乾燥し切った鰹節同士を手に持ってたたきますと、拍子木のように「カーン!」という乾いた高い快音を発するのです。スルメやホタテの貝柱を見てわかる通り、乾燥した物が腐らないのは、水分も取ってしまうと、他の微生物たちは全く生育できなくなるから保存が利くのです。冷蔵庫がなかった大昔からの偉大なる知恵というわけです。

さて、生きていくのに大量の水分が必要な麴カビを実に巧みに応用してつくった鰹節は、うまみ成分を極めて多く含みますから、削ってだしを取るとどんな日本料理もたちどころに美味にしてくれます。上品なあのうまみとうれしい香りは、日本人の味覚を発達させ、日本料理を独特の世界へ発展させる原動力となったのです。日本人以外の民族の食味は「甘、辛、酸、苦、鹹（かん）（塩辛い）」の「五味」からなるといわれますが、日本人は鰹節に「うまみ」を教えられ、「六味」としました。

この六つ目のうまみは、どんな成分から成立しているかといいますと、グルタミン酸を主体としたうまみをもつアミノ酸類と核酸（イノシン酸）です。鰹節菌は節の表面で繁殖する一方で、さまざまな酵素を生産し節内に送り込んでいますが、その酵素群の中に、鰹の魚体のタンパク質を分解してアミノ酸にするタンパク質分解酵素（プロテアーゼ）があり、それが作用してうまみの主要成分であるアミノ酸を蓄積させるのです。

そして、そのアミノ酸類が魚肉のイノシン酸と相乗して抜群のうまみを醸してくるのです。このように、水を吸い取ったり、うまみ成分を蓄積させたりしてくれるありがたい鰹節菌は麴菌の仲間であります。

類例のないユニークな食品

鰹節はいつまでも保存が利き、その上、おいしい味をもたらすうれしすぎる発酵食品ですが、もう一つの驚くべき素晴らしさがあります。それは、鰹節を削って、だしを取るとわかることですが、煮だしの上に油脂（あぶら）成分が全く浮かんでこないということです。これはすごい。

あれだけ脂肪ののった鰹が原料魚なのに、一体あの脂はどこに消えたのでしょうか。その答えは、やはり発酵中の鰹節菌が油脂成分を見事に分解してしまったからなのです。鰹節菌が節の表面で増殖中に油脂分解酵素（リパーゼ）を分泌して、油脂成分を脂肪酸とグリセリンに分解してしまったからなのです。驚きましたなあ。

西欧料理や中国料理のだし取りでは鶏（とり）ガラや牛の尾、ブタの足や骨、魚介類などを煮込むため、油脂成分がスープの上に浮いてきますが、日本のだしには全く見当たらないのです。

日本のだしの三大神器といえば鰹節、コンブ、シイタケですが、いずれも油脂が出てこない。このように質素にして格調高く、上品できめ細かい日本のだしは、日本料理の方向を決定する要因とさえなったのです。粋（いき）さや上品さ、淡泊さの中にある優雅で奥深い味。油脂をともなわないだけに、哲学的にさえ感じます。そんなだしだからこそ、この国ならではの精進、懐石、普茶（ふちゃ）といった侘（わ）び寂（さ）び料理が誕生したのであります。

このように、鰹節には昔から日本人のいくつもの知恵が織りこまれていることに気づきますが、実は鰹節がつくられた時代の古さもすごいのです。鰹節の原型は平安時代の『延喜式』に見られる「鰹魚（かたうお）」という素干し品の保存食に当たりますが、今のようにいぶして乾燥し、カビを付けて発酵させた最初は江戸時代の延宝（えんぽう）二（一六七四）年です。

ところが、奇（く）しくもその同じ年、人類にとって偉大な発見がヨーロッパでありました。それは、オランダの科学者で発明家のアントーン・ファン・レーウェンフック（一六三二〜一七二三年）が人類史上初めて顕微鏡を作り、誰も見ることのできなかった微生物を発見したのです。地球の反対側の日本では、すでにその微生物を巧みに応用して、鰹から鰹節という発酵保存食品を製造していたのですから、この民族の発酵の知恵は本当に優れていたことに気づきます。

湿度の高い環境を好むカビの性質を見抜いた鰹節の発酵法は、世界に類例がなく、我が国の先達たちの知恵の深さとユニークな発想力は驚くべきものです。食に世界遺産があったら、鰹節は間違いなく第一号に登録されていると思うほどの食べ物であるのです。

酒粕

アミノ酸の宝庫

酒粕（さけかす）は日本酒のもろみを圧搾して清酒を分離した時に残る固形物のことで、単に粕ともいいます。きれいな板状のものを板粕、形の崩れたものはバラ粕や粉粕と呼びます。

酒粕は、もろみ中で溶けなかった米粒や米麴のほかに、酵母も多量に含むため栄養価も高く、極めて良質な天然食材であるのです。糖質が一八パーセントもあり、タンパク質も牛肉に近い一五パーセント。さらに灰分は〇・五パーセントで、その多くがミネラル（無機質）です。特筆すべきことは必須アミノ酸を含むほとんどのアミノ酸を多く含有し、ビタミン類はビタミンB_1、同B_6、パントテン酸、ビオチン、イノシトールなど豊富に含んでいます。

それらの栄養成分は酒粕の重量の一五〜二〇パーセントを占める酵母菌体に由来します。高血圧を平常に戻すアンジオテンシン変換阻害酵素の存在が明らかになるなど、さまざまな保健的機能性をもった食べ物として注目されています。アルコール分も八パーセント程度あり、江戸時代は「手握り酒」とも称されました。粋ですなあ。昔はそのまま火であぶったり、酒粕を湯で溶いた糟湯酒(かすゆざけ)は『万葉集』にも出てきますが、一般的には粕汁で賞味されます。

粕汁は味噌汁の味噌の代わりに酒粕を加えた汁で、塩蔵した魚と野菜を煮込むとコクのある汁ものとなります。材料には、塩ザケや塩ブリ、塩ニシンなどの頭やアラ、大根、ニンジン、里いも、コンニャク、油揚げなどを用います。酒粕と魚の塩味だけで仕立てるほか、味噌を加える方法もあります。酒粕は事前に水かぬるま湯に浸してやわらかくしておくと使いやすく、私は、実家の酒蔵に酒粕がいくらでもあったので、学校に行く前に、ポケットに入れておやつ代わりに食べていたことがあり、小学生のころから酒臭い息をいつも吐いていたのでした。

また、酒粕は魚や奈良漬けなどの粕漬け、粕酢、粕取り焼酎などの製造原料にも利用されます。粕酢は酒粕を貯蔵タンクに一年以上詰めて熟成させ、水を加えて粥(かゆ)状にし、酢酸菌で酢酸発酵させてつくります。米酢に比べて味、香りとも軽く癖もないお酢です。粕取り焼酎は酒粕を蒸留してつくる焼酎で、酒税法では乙類に分類されます。古くから飲まれていた焼酎で、特有の香気に人気が集まりました。実家では今でも十年貯蔵の粕取り焼酎をほんのわずか限定販売していますが、その風味はジョニ黒やナポレオンにも負けない素晴らしいものであります。

ピクルス

肉と合う強い酸味

外国産の漬け物といえば、誰もがすぐに挙げるのは「ピクルス」でしょう。「ピクルス」は英語では漬け物一般を指し、野菜や果物などを酢漬けにしたり、塩漬けにしたものです。このところ日本でもよく食べられていますねえ。

そのピクルスは、発酵によってつくるものと、（発酵させずに）酢やワインなど保存性のある液に漬けたものとの二種に分かれます。前者は主に乳酸発酵を行って酸味をのせることが目的。日本の発酵漬け物と異なるのは酸味がかなり強いことで、例えば日本のラッキョウの酢漬けは酢酸が約一パーセントであるのに、ピクルス類は二パーセントを超すものもあるほどです。これはピクルスをよく食べる欧米人が、肉やチーズ、脂っこい料理を多食するためで、酸味の強いものが合うからでしょう。

また、日本の漬け物と異なるもう一つの点は、漬ける汁に実にさまざまな香辛料を使う点で、月桂樹の葉（ローレル）、丁子（ちょうじ）、肉桂（にっけい）（シナモン）、タイム、セロリーシード、ニクズク（ナツメグ）、セージ、カルダモン、コリアンダー、唐辛子、コショウ、ショウガ、ニンニク、キャラウェイシード、ディル、オールスパイスなど多種の香辛料を調合しています。

酢漬けピクルスは、日本でも売っていますからなじみがあるでしょう。各種の野菜を一度塩漬けし、塩抜きしてからその香辛料の入った酢に漬けます。酢酸が二パーセントもあるので酸味が強いのですが、日本に輸入されているのは甘酢ピクルス（スウィート・ピクルス）であります。

発酵ピクルスもピクルスの代表的なもので、一〇パーセント以下の食塩水で漬け込み、耐塩性の乳酸菌で乳酸発酵を施して風味をつけたものです。キュウリ一〇〇キログラム、一〇パーセントの塩水一〇〇リットル、食酢四リットル、ディル草（塩漬けして保存された物）一キログラム、各種香辛料で仕込んで漬け込み、これをディル・ピクルスと呼びます。ディルはヒメウイキョウのことで、西欧では古くから薬草やスパイスとして使われてきました。通常は種子を使いますが、ピクルスでは種子を用いると香味が強すぎるので、さわやかな甘い香りをもつ葉が使われています。

仕込み方法は漬け込み容器の一番底にディルを敷き、その上にキュウリ、その上にまたディルと交互に漬け込み、一番上にもディルを被（かぶ）せて押し蓋をし、重石をしてから食酢と塩水を上からかけます。すると、約五週間で乳酸発酵が終り、漬け上がります。ディルの快香が食欲を増し、また、漬け込んだ野菜の繊維は肉を多食する食生活にあっては整腸作用を促すなど保健的機能性も多いのです。

魚醤

ラーメン屋さんの隠し味にも

「魚醤（ぎょしょう）」のお話をしましょう。魚介類を原料にして、食塩があるところで麹や乳酸菌、酵母などで発酵させた伝統的発酵調味料です。

日本における魚醤の最も古い文献は平安中期の『倭名類聚抄（わみょうるいじゅしょう）』で、そこに出てくる魚醤に関する内容は、中国にあったさらに古い文献と一致するので、恐らく中国から伝わったものと見られています。

「塩魚汁（しょっつる）」は日本の代表的魚醤で、主として鰰（はたはた）の鮮魚を原料とし、これに飯、麹、塩を加え、さらにニンジン、コンブ、ユズなどの風味物も混ぜ込んで樽に漬け込み、蓋をして重石で密閉します。普通もので二年、上等もので四〜五年間、発酵・熟成させますが、この間、麹の酵素が作用して原料の魚からうまみ成分を出したり、発酵微生物（主として耐塩性の乳酸菌と酵母）が作用して特有の味や香りを作り出します。漬け込みの際には魚の生臭みが強くあったものが、出来上がってみると、それが全く消失し、香味にバランスがとれた、円熟した発酵調味料となるのであります。石川県の「魚汁（いしる）」はイカの内臓を塩漬けにしてから発酵させたもので、非常にうまみの濃厚な魚醤です。また、香川県や岡山県の「玉筋魚（いかなご）醤油」も有名で、これはイカナゴ（こうなご）を塩漬けにして発酵・熟成させ、その汁を布でこした魚醤です。関東や四国にもある「蛤（はまぐり）醤油」は、むき身の蛤をよく潰して食塩、麹などとともに発酵させたもので、このほかに「浅蜊（あさり）醤油」「牡蠣（かき）醤油」などという珍しい醤油もあります。北海道釧路（くしろ）市のカネセフーズという会社で私が指導して作った鮭の魚醤はとてつもなく美味で、これを使うと「よだれ流させ」の味を醸し出してくれます。これ、手前味噌ならぬ手前醤油であります。

これらの魚醤は、たいがいが鍋（なべ）料理などへの調味で、秋田名物の塩魚汁鍋や貝焼きなどには「塩魚汁」は不可欠でありますし、魚醤をもつ地域には、それに合った鍋料理が必ずといってよいほどあります。最近では、日本の伝統的な漬け物やキムチの隠し味として、漬け込みの時に加えられることが多くなりました。街にあるラーメン屋さんも魚醤を隠し味として使うところが増えています。

またこのところ、エスニック料理が人気の一つになっていますが、ここでも魚醤は特有の味をつける調味料として重要な役割を果たしているのです。

テンペ

栄養満点の大豆発酵食品

「テンペ」。ちょっと面白い名前の食べ物が、体に良いと日本でも少し前から注目されています。インドネシア共和国の伝統的発酵食品で、同国では年間四〇万トン近く消費されているといいます。インドネシアの人たちも、発酵食品が好きなのですねえ。

その製造法は、まず洗った大豆を水に浸し吸水させた後、足で踏み込み、できるだけ種皮を除きます。その脱皮大豆を、沸騰した湯で約一時間煮たら、布に広げて冷まし、四〇度以下に下がったところで、テンペの主発酵菌であるクモノスカビの胞子を種菌（たねきん）としてまきます。五時間ほど前発酵させた後、木製かプラスチック製容器に入れ（昔はバナナの葉に包んだという）発酵に移します。三〇度で三日間、後発酵させて完成です。大豆原料一キログラムから約一・七キログラムのテンペが得られます。

テンペは発酵中、大豆成分が大きく変化して、栄養価の高い食べ物になります。まず、大豆の主要成分であるタンパク質が分解され、アミノ酸類やペプチド類となり、また繊維も崩壊しますから、消化と吸収が理想的な食品となります。特に遊離のアミノ酸では、グルタミン酸、アスパラギン酸、プロリン、アラニン、リジン、ロイシンが原料大豆の二〇〜二〇〇倍にも増えています。

中でも大きな成分変化を見せるのが遊離脂肪酸で、クモノスカビの強い脂肪分解酵素（リパーゼ）で大豆の脂肪が分解され、オレイン酸、リノール酸、リノレン酸が激増するのです。特に発酵前に全くなかったリノール酸は、発酵後は五パーセントにもなっているほどです。

これらの不飽和脂肪酸は、血管や毛細血管を強くする作用があり、脳溢血（のういっけつ）やクモ膜下出血などの予防に効果ありとされています。また、これらの不飽和脂肪酸は肌を美しくするとか、血中コレステロールを低下させるといった、老化制御の効果もあるといわれています。さらに、ビタミン類も非常に多く、ビタミンB_2は発酵前の大豆に比べ、発酵終了後のテンペには約五〇倍、B_6は一五倍、ニコチン酸は二〇倍と驚異的に増えています。

ところでテンペの食べ方ですが、一般的には厚さ一〜二センチメートルに切り、タマリンドなどの芳香植物を潰（つぶ）して加えた食塩水に漬け、やし油で揚げます。また、ココナツミルクに米の粉と香辛料を加えたタレを付けてから、やし油で揚げたのも香ばしく、とにかくテンペは不思議議な発酵食品であります。

第2章　くさいはうまい

臭い肉、臭い酒

おからで脱臭

いきなり臭い肉と酒の話をしましょう。

所は沖縄と中国。ある時、沖縄県本島の金武(きん)町に行ったらば、私を歓迎して友人たちが山羊(やぎ)料理を振る舞ってくれました。

せっかくなので料理するところも見せてもらいましたが、それには感動しましたなあ。

屠(ほふ)った山羊の後ろ足を縛り、頭を下にした格好で木にぶら下げ、まず頸動脈(けいどうみゃく)を切って出てきた血を小桶(こおけ)にとる。次に山羊の皮を火で丹念に焼き、焦げた色が全体についたところで木からおろし、四、五人の男たちがそれを担ぎ海辺まで下りていく。そこで解体を始めたのですが、内臓のほとんどは捨てることなく料理の材料にしました。

その山羊料理を前にして、まず泡盛の古酒(クース)で乾盃(かんぱい)。そして出されたのが「ヒージャー汁」。ヒージャーとは山羊のことで、そのつくり方も見せてもらいました。

骨付き肉や内臓を五時間ほどたっぷりと煮込み、最後に取っておいた血を入れてから「フーチバー」（よもぎ草）をたくさん入れて、塩、おろしショウガで味をつけて出来上がり。独特の山羊臭が鼻に強いのですが、この汁の神髄といったものを知れば、あとはどんどん食べられます。泡盛と実によく合って、私などは丼に五杯も喰って「ウメエー、ウメエー」などと山羊の鳴き声をまねしたぐらいで、全く野趣に富んだ宴会でありました。

山羊肉の刺身も出てきました。刺身にする部分は、焦げめの皮に付いた赤身肉で、その部分は不思議なことに全くというほど山羊臭がないのです。皮のゼラチン質のコリコリとしたところに赤身肉のシコシコさがよろしく、そこに焦げた皮のスモーキーなにおいも鼻から入ってきまして、何ともいえぬ強烈で野趣な味がしていました。すかさず南国の火の酒、泡盛をグビリ、ガブリとあおる。

次に出てきたのが「ヒージャーヌチーイリチャー」。これは仏様のお経ではなく「山羊の血の炒めもの」という意味の料理です。肉や内臓を細かく切り、解体した時にとっておいた血とともにニンジンやニンニクの葉などと油で炒め、塩と醤油で調味したもので、この時のニンニクの香りも泡盛には絶妙でした。

沖縄では、妊婦の栄養補給や家の普請の時などに山羊をつぶして食べる風習があって、この時は私の歓迎のために山羊一頭が命を落とした次第です。山羊を解体する時、驚いたことに取り出した内臓の各部位に豆腐のおからをからめてよくもんでいたのです。「何でそんなことをするの？」と聞いてみると、内臓は一番臭みの強いところなので、それを取るためだということでした。おからで獣臭(けだものしゅう)を脱臭する。面白いですなあ。

大草原の奥深い食

しばらくしてから今度は、中国の内モンゴル自治区にあるロシアとの国境の町満洲里(マンチョウリー)に行ってきたときのことです。九月初旬というのに気温は零度に近く、夏でも朝晩は底冷えのする草原の町です。満洲里には斉斉哈爾(チチハル)から蒸気機関車に乗り朝出発、大シンアンリン山脈を越すと、あとは二十数時間、大草原の真っただ中を走りました。途中、海拉爾(ハイラル)で少し休み、またひたすら草の海を渡り草原の真ん中にポツンとある満洲里に辿(たど)り着いたのです。

その町で昼も夜も、塩ゆでの羊の肉を何日間か食べていましたらば、そのうちに飽きてきましたので、持参した醤油と日本酒を合わせたものに即席のレトルト味噌(みそ)汁を少し加えてドロドロにした独自の調合によるタレを付けて食べてみたところ、がぜんパクパクといくらでも羊肉が胃袋にすっ飛んで入っていってしまいました。

主に羊肉ばかり食べていましたが、時には大感激の食材も味わうことができました。

例えば百蘑（パイモウ）という大草原のキノコです。これが絶妙な風味で、その淡泊な味は妖精（ようせい）のようでした。見渡す限りの大草原にも、めったに出ないというその幻のキノコは、遊牧民がいうには値段もつかないほど高価なものだということでした。後で立ち寄った海拉爾の市場で乾燥したものが売られていましたが、その値段は一キログラム四〇〇元。中国の都市部の人たちの当時の平均月収の三分の一ぐらいなので仰天した次第です。

酒は毎日が馬乳酒でしたが、この酒には二種あり、その一つは馬の乳を発酵させてそのまま飲む酒です。さわやかな酸味があって、草原に似合う味とにおいがしました。いま一つはその馬乳酒を蒸留し、アルコール度数を三〇度ぐらいに高めた「乳奶酒（ルウナアーチュウ）」という酒です。こちらの方はかなりにおいに個性のある蒸留酒でした。

ところで、中国やモンゴルの人たちは通常、生魚を食べませんが、満洲里南方の巨大な湖ホルメルメ湖（ダライ湖ともいい、琵琶湖より大きい）では、釣った魚（鯉や鮒（ふな））を糸造りにして、それに刻みショウガのような香辛料をかけ、その上から酢醤油をかけて食べていました。これはひょっとすると第二次大戦の時に日本兵がこの地に入った時からの食べ方かもしれません。

面白いことにこの地には、秋に釣り上げた魚を土に穴を掘ってその中に入れて岩塩とともに漬け込んで発酵させ、保存食とするといった冬の魚の加工法がありました。

これに似た方法はアムール川（黒竜江）沿岸やカムチャツカ半島にもありますので、昔から北方の地に伝わる伝統なのでしょう。大草原の食の周辺は奥が深いですなあ。

白酒の臭い思い出

さて、中国の旅では、臭い思い出がいっぱいあります。

数年ほど前のことですが、貴州省の貴陽市に白酒（アルコール度数の高い焼酎のこと）の調査に行った時、貴陽市の貴陽酒廠（酒造会社のこと）や、すぐ近くの花渓酒廠（廠とは工場のこと）で白酒工場をじっくりと調査させてもらいました。その帰りに、酒廠自慢の白酒を研究試料としてどっさりと土産にいただきました。双方の酒廠からの土産の白酒を合わせれば四合ビン（七二〇ミリリットル）に詰めたものが十六本もありました。研究試料とはいえ、それを大切に東京まで持ち帰るのには非常な苦労がありました。何といっても貴重な試料を割ることはできませんから、旅行カバンの中に入れてあった着替えの下着等に一本ずつ包んで十本ほどをしまい込み、カバンに入りきらない白酒は、まとめて紐で縛って手にさげて運ぶことにしました。片手に大きな旅行カバン、片手に割れやすい白酒。これには体も精神もくたくたに疲れ果てるほどでした。

案の定、心配していた最初の災いがやってきたのです。貴陽から上海に向かう機上で、足元が臭いなあと思ってふと手荷物でさげてきた白酒の入ったビンを見ると、そのうちの一本にタテに大きくヒビが入っているのを見つけたのです。しかも、そのヒビからは、白酒の数滴がすでに滲み出て浮かび上がってきている。これには慌てました。そこで静かに、慎重に縛っていた紐をほどいて、傷のないビンと離し、急いでキャビンアテンダントに紙コップを五つほど持ってきてもらったのです。とりあえず、その傷のついたビンから白酒をコップに移し替えることにしたわけです。どうせ飛行機の床に吸い込まれるのならば、いっそのこと胃袋の方に流し込んでおいた方が賢明だと考えたからでした。

　ところが、一緒に旅行をしていた私の仲間の数人は、毎日毎日、鼻を突くような白酒のにおいを嗅いでばかりいたために、完全に白酒アレルギーに陥っていて私がこの白酒を飲んでしまおうといっても、てんで見向きもしてくれません。そのうちに紙コップに注いだ白酒からは、例の猛烈な臭気が密室の機内に拡散しはじめました。なにせ、この白酒の臭みときたら只者ではなく、猛烈にすごいのです。強烈なエステル臭と脂肪酸のにおい、そして鼻を突くカルボニル化合物の刺激的なにおい。これらが五〇パーセントを超す高いアルコール度数に乗って機内を飛び交いはじめたのですからたまりません。これには本当に狼狽しました。しばらくすると、機内後方の中国人の客からキャビンアテンダントに文句がでたらしく、私たちにしきりに鋭い視線を向けています。すると今度は、前の方の座席の人も、立ち上がっては後部座席の私たちを見る。これは急がねばならないと、とっさにそう思った私は、なみなみと注いであるコップのひとつを持ちあげ、いっきにゴクンゴクンと飲(や)ってしまったのです。そしてしきりに仲間へ「緊急事態発生だ。無理しても飲んではいただけまいか」と願って、なんとか飲んでもらいました。本当にあっという間の出来事でしたが、貴重な白酒一本は、四人の胃の中へ消えて行きました。その直後にキャビンアテンダントが来て、「機内での飲酒は少しにしてほしい」と注意してきましたが、紙コップの酒がすでに空になっていたのを見て、信じられない客たちだ、というような仰天した顔で行ってしまったのです。ところがその直後、四人とも、白酒で胃袋が焼けるようになった上、互いの吐息の臭いことといったら、こちらも只者ではありませんでした。広大な中国の空の上で、無理矢理白酒をイッキ飲みするとは夢にも思いませんでした。こうして四時間半の快適なはずの空の旅は、苦しい酒地獄の旅に変わってしまい、上海に着いた時には、何がなんだかわからぬほど酔っぱらってフラフラでした。

次の災難は成田(なりた)空港に到着してから起こりました。搭乗前に預けた旅行カバンをターンテーブルから回収し、それを税関のところに持っていって検査を受けたのですが、この時、例の白酒の強烈なにおいがカバンから強烈に発散しているのに気づいて、またギクッ！　としました。でも開けないわけにはいかないので、税関の前でバッグを開けてみると、そこから強烈猛烈なにおいが集団で起ちのぼり、襲いかかってきたのです。しまった！　私のカバンの中で白酒のビンがほとんど割れて、中はビショビショになっていたのでした。あとはどうなったか、語るにもひどすぎるので止めますが、想像してみて下さい。

虫も臭かった

貴重なタンパク源

ひと昔前の話になりますが、トルコに旅をしていた時、バザールで硬いチーズを買ったことがあります。それを食べようとして二つに割ったところ、中からぞろぞろとウジ虫のようなものが出てきたのにはびっくりしました。私が驚いていると、案内をしてくれていたトルコ人は、その虫の蛹(さなぎ)をひょいとつかむと、ムシャムシャと食べてしまったのです。そして私にも食べてみろ、という。私はニッコリと笑って（心で泣いて）三匹ほどを口にほうり入れて噛(か)んだところ、甘い体液が虫からドロリと出てきて、耽美(たんび)的なほど美味でありました。これが私を虫好きにしたきっかけのひとつとなりました。

今日、虫を生活のために食べる人間はそう多くはありません。オーストラリアの原住民やアマゾン河畔の奥地に住む部族たち、アフリカの砂漠の中で食料さえ不自由しているサン族の一部など広い地球でも限られています。しかし、虫を食べる必要のない今日の私たちですが、祖先までさかのぼれば必ず虫を食べる必要のある日々でした。すなわち原始時代においては組織的な狩猟や農耕などはありませんでしたから、身近にいてそう頭も使うことなく、すぐに捕えることのできる虫は人間にとって格好の食べ物だったのです。つまり臭いとか臭くないなどの問題ではなかったのです。捕えると生のままをすぐ口に運び、空腹を少しでも満たすためのささやかな材料にしました。空腹感は虫をたまらぬ美味なものとし、また虫は貴重なタンパク源ともなっていたのです。

あの臭いミミズなども当然食べましたし、土の中にいる他のあらゆる虫も食べました。木についている虫とか空を飛ぶ虫の区別もなく、また未だ成虫にならないウジ虫や蛹、蟻の卵まで手あたり次第に食べました。

その当時の人間の雑食を非常によく表してくれるものに大便の化石、すなわち糞石がありますが、これを調べてみると、いかにわれわれの祖先がさまざまな虫を喰っていたかがよくわかるのです。例えば一九七五年に、アメリカの考古学者ティラーはアメリカおよびメキシコで発見した糞石の中からシロアリ、バッタ、スズメバチ、カブトムシ、ミツバチなど、さまざまな昆虫を発見したと発表しています。人間はそのようなものを食べているうちに、自然に不味いもの美味いものを選択するようになっていきました。

その後、気が遠くなるほどの長い時を経て、人間が集団で生活するようになり狩猟を覚え、そして農耕をはじめると、長く続いてきた虫を含めた雑食主体の食形態は終ります。そして、その後にみられる人間の虫喰いの風習は飢えをしのぐためのものばかりでなく、薬喰いにされたり、時には珍味として食卓に上ったりして今日に至っています。今では、我が国でもイナゴや蜂の子、カゲロウの幼虫（ザザムシ）など比較的クセのない虫が珍味として食べられています。以下にさまざまな虫喰いの中から、異臭をもった虫を食べる話だけをすることにしましょう。

とてつもなく臭い

特有の臭気をもち「屁臭虫（へくさむし）」とまで異称されるのがクサギカメムシ（臭木椿象）であります。間違って手でつかむか触れただけで、その異様な臭みが移ってなかなか取れません。これを食べるとなるとかなりの勇気が必要で、事実、このクサギカメムシを食べたという人の話はこれまで聞いたことがありません。

ところが、その幼虫はクサギの木肌に喰い入って丸々と太り、大粒のウジの形となっています。この時には、成虫のあの目がつりあがり鼻がもげそうな異様なものとはてんで異なって、かすかにバラの花を思わせる甘く、そして耽美なにおいをもっています。

この、ウジ虫を少し小さくしたような幼虫を決して潰すことなくピンセットを使ってこっそり木の穴から引きずり出し、これを丼に山ほど集めてきて炒ります。その炒り方は、まず焙烙で空炒りし、醬油で味付けして焦がさぬようにさっと仕上げることです。炒る前はやわらかく、さわると絹豆腐のような感触であったものが、炒りはじめると次第に硬く固まって今度は焼豆腐のような感触に変わります。それを口の中にほうり込み、嚙み潰しますとプチュン！　という破裂音を残して虫が破れ、口中にドロドロのうま汁が充満するのであります。あの耽美なにおいは焼くことによって変化し、妖しげなものとなるところもまた楽しめますし、コクのある奥の深い味と上品な甘味、そしてマイルドな脂肪身は至上の珍味として通人の間でもてはやされています。

一方虫でも、臭い蛹を食べるといえば長野県伊那地方や飯田地方で見られる蚕の繭ごもりの食例も珍しい（現在でも一部で珍味として土産になっているところもある）ものです。蚕蛹は幼虫ですから、その体の中には新鮮な成長因子がいっぱい詰まっていて、栄養価は大変に高いのです。

以前私も天竜峡にある豪農の家で、この蚕蛹の佃煮を食べてみたことがあります。味にコクがありますから、脂肪がのっていて大変美味であるのはよいとしても、特有の青臭さ（蚕の主食である桑のためか）が鼻について、どうもスムーズに喉を通らない。その臭みをよく観察してみると、青臭さだけではなく、異様な獣臭ももっており、その上、生タマゴのような生臭さと生魚のような生臭さも備えているのです。ほんとうに奥行きのある、しつこいほどの臭みがありました。そして、食べた後、この臭みがいつまでも口の中に残ってなかなか消えないのにも難儀したことがあります。そこで一計を案じ、鼻を指でつまんで食べてみたのですが、こうすると今度は味覚全体が麻痺(まひ)してしまい、よけい不味くなってしまいました。

独特の臭みがつらい

蟬を食べるのは世界各地の山岳部族の間で比較的多くみることができます。タイやベトナムの山の中では、よく唐揚げにして食べますし、日本でも以前、これを食べたという人に出会いましたし、実は私もよく食べました。また中国には「桂花菜(クイホアツァイ)」と名づけた料理がありますが、これは蟬の幼虫や成虫を野菜とともに油炒めにしたものです。さらに南米の山岳地では蟬をフライにしたりシチューに煮込んだりするところもありました。私も蟬をいくつかの方法で食べてみたことがありますが、最も美味しい食法は生きたまま三匹ほど竹串(たけぐし)に連刺しし、囲炉裏の火の上に並べます。するとまずペラペラと翅(はね)が燃える、次にこれに醬油をつけてサッと焼き、焦げそうになった時、今度は味醂(みりん)醬油につけて再びサッと焦げぬように照り焼き気味に火を通し、おろし大根を薬味にして食べてみました。すると、煎餅(せんべい)のように香ばしいにおいとなり、エグ味はおろし大根によって中和されて大いに野趣味が満喫できました。これが私が体験してきた蟬喰いの中で最も美味い方法であったかと存じます。ただし、アブラゼミだけは、イカの塩辛が蒸れたような、異様で独特の臭みが残っていて食べるのに骨が折れた経験があり、カレー粉のような、食欲を奮いたたせる香辛料でその臭みをマスキングしてからの方がよかったかもしれないと今は思っています。

大型の虫で東南アジアや南米で広く食べられているのがカブトムシで、翅を広げると五センチメートル以上もあるものもいて、肉もどっしりとし意外なほどの食べごたえがあります。

日本では昔から、このカブトムシの蛹を特に珍重しましたが、成虫は黒焼きにして薬用としました。パプアニューギニアや、ペルー、ボリビアの山の中でもカブトムシの蛹をずいぶんと食べてみましたが、いずれも極めつきの美味しさをもち、今でも食べたい気持ちでいっぱいです。世界で最も大きい部類のカブトムシにゴホンツノカブトムシというのがいます。東南アジアに四種、ニューギニアに一種が分布しており、タイ、ミャンマー、マレーシアには特に多く棲息しています。非常に大型の昆虫で体長は一〇センチメートルにも達し、夜、人間に追われると、すごい唸り声（実際は翅のはばたく音）をあげて、逆に攻撃してくるほど性格が荒いといわれます。タイの古都チェンマイやミャンマー国境の人たちはこのカブトムシの翅と脚をむしりとり、ずっしりとした栄養豊かな内臓をむさぼり食べて、この虫を貴重なタンパク源としています。私も何度も食べましたが、特有の焦げたような虫臭があり、食べ慣れぬ者はその臭みが鼻を突き、しばらくは苦労するでありましょう。

美貌をもたらす

中国には「ゴカイを食べる女性はいつまでも若く美しさを保つことができ、そして、すてきな男性に愛されたいという願いが叶（かな）えられる」とか、「夫が妻より先に死んでもゴカイを食べれば新しい夫を迎えることができる」といった諺（ことわざ）があります。我が国では釣りエサ以外に使わないのに、中国ではそのゴカイを沙蚕（シャツァヌ）といい、食用とする習慣が南部の海岸地方に多いのです。中国の食材に関する事典には「沙蚕の類で最も美味なのは日本沙蚕である。沙蚕の食べ方は数匹を束にして油で揚げて食用に供する」とあります。そんなに美味なのなら、と私も食べてみたことがありますが、自己消化臭（一種のアミン臭）と生臭みがあり、それではと油で唐揚げにしてみたところ、その臭みはなくなって美味でした。またある時、「貯蔵食とする時にはゴカイを塩とともに漬け込んで発酵させると特有の発酵臭を伴ったゴカイの塩辛ができる」と中国の本に書いてあったのをみつけて、挑戦してみたことがありましたが、奇妙な珍味でありました。

この話に似たものとして日本の三陸地方にはイラゴの塩辛があります。イラゴは岩礁に付着してトクサのように集まって群生しているゴカイの仲間で、その一匹ずつは四～五センチメートルもあります。今は食べる習慣がないというので、気仙沼に行った時、知人に捕ってきてもらい、そのまま生食してみたところ、特有の生臭みがあってどうもいただけませんでした。そこでこれを塩とともに仕込んで塩辛にしたところ、海鼠腸に似た風味があって結構珍味となりました。この塩辛をそのまま酒の肴にしてもかなり美味でしたが、キュウリ揉みに和えるといっそうの風味が楽しめました。

虫食大国のレパートリー

虫を食べたことでは、カンボジアのナタリギリの村（ベトナムとの国境付近）に行った時、高地クメール族の人たちに食べさせてもらった虫の種類が実に多かったことです。彼らは飛んできた大型の虫を捕らえて食べますが、裏山や近くの沼あたりに行って、さまざまな虫を捕らえてきて食べさせてくれました。そこで食べた虫の種類を列記しておきます。ゲンゴロウ、赤蟻、コオロギ、バッタ、タガメ、ゴキブリ、イボタノムシ、蟬、クワガタ、カタツムリ、ハチ、ハチノコ、クモ（昆虫ではないが）、蛾の幼虫など、実にたくさんの虫を食べました。

チーズは猥褻である

偶然によって生まれた

人間は、確実に感情をもった唯一の動物であるがゆえに、哺乳類(ほにゅうるい)の中でひとり他の動物の乳を横取りして飲み、そして食べることを大昔からしてきた知恵の高き生きものであります。

最初に飲んだ乳は山羊や羊で、今から六千年も前、中央アジアでのことであるといいます。それから今日まで、人間の食の文化の中で乳の果たしてきた役割と意義はまことに大きいものといえます。新鮮なものはそのまますぐに飲み、余ったものは乳酸菌という、実に都合のよい微生物によって発酵させて保存食としました。その代表がチーズでありバターでした。

古代アラビアの隊商が商いのために長旅に出ることになりました。彼らは羊の胃袋を乾燥させてつくった袋に、飲用として山羊の乳を詰めて出発しました。第一日目の旅程を終えて、さて山羊の乳を飲もうとして容器に乳を注ごうとしたが、なかなか出てこない。そこで袋をしぼるようにしてみたところ、中から出てきたのは、なんと白い乳の塊でありました。胃袋に残っていたレンニンという羊のタンパク質凝固酵素（レンネット）と、乳酸菌がこの現象を起こしたのですが、最初のチーズはこのような偶然から始まったとされています。

猛烈なにおいの正体

ところで、チーズの臭みの本体は、その大半がプロピオン酸、酪酸、吉草酸、カプロン酸といった揮発性の有機酸で、そこにバターフレーバーまたはミルクフレーバーと呼ばれるケトン体化合物がわずかに相乗してあの臭みが構成されています。原料乳に作用して乳酸をつくる乳酸菌や、発酵の初期に生育していたプロピオン酸菌がそれらの臭みを生産するのですが、原料乳、関与微生物、製造方法などの相違により、以後チーズはさまざまな個性的臭みをもつ食べ物として発展していきました。

最も強烈で、その上ハッとするほどの個性をもち、そしてたいがいの大人ならニヤリとするような猥褻な臭みをもったチーズの代表はベルギーのチーズ「リンブルガー」でしょう。中世の修道僧がリエージュの東、すなわち今のドイツとの国境に近いリンブルグでつくったのが最初だったのでその名がありますが、同じ地方のエルヴェというチーズもやはり十五世紀にさかのぼる修道院チーズで、これも非常にご立派な臭みをもっています。

これらのチーズには、好き嫌いは人の好みとしても、なんといってもあの手の猛烈なにおいがあり、世界的にも有名です。外で召し上がったら、そのあとよく口を漱いでから帰宅しないと、奥方にあらぬ疑いをかけられることがあるというからご用心。

ドイツにもその手のチーズでなかなかのものがあり、特に「ティルジッター」というチーズは、その表面につくバクテリアと酵母との醸成作用によって表面熟成型のチーズとなっているため、風格さえ感じる臭さに出来上がっています。洒脱酔狂なドイツ人のペネルが、乳やその加工品のにおいを女性のにおいに形容して「娘はミルク、花嫁はバター、女房はチーズ」といったといいますが、まさにこのティルジッターは「女房のチーズ」に当たるものです。

フランスの小咄をひとつ――戦陣で疲れてお休みのナポレオン、作戦会議が始まろうという時間なのになかなかお目覚めが相成らぬ。そこで一計を案じた侍従が、やおらこれぞと思う食卓のチーズをひとかけら持ってきて、寝ている将軍の鼻先につきつけた。するとナポレオン、「おお、ジョセフィーヌ！」と叫んで起き上がり、「今夜はもうこれでよい。余は疲れた」といってまた寝入ってしまった――。

ドイツの手作りチーズに「ハントケーゼ」というのがありますが、これも表面熟成型の臭みの強いチーズです。少し、カラスミまたはくさやの臭さに類似していますが、やはりナポレオンが錯覚する、あの手合いのチーズであります。ほかにイギリスの「スチルトン」、フランスの「ロックフォール」、イタリアの「ゴルゴンゾラ」、アメリカの「ブルー」といったチーズも、山羊や牛の乳を原料にして乳酸菌で発酵させたあと、最後に青カビで仕上げるといった臭物（くせもの）仲間です。

ちょっと風変わりなチーズに、フランスのプロヴァンス地方の「バノン」があります。このチーズは山羊乳を原料として作った、非常に臭みのあるチーズで、あまりの臭さを少しでもやわらげようと、そのチーズを薬味草（ブランデーに浸したフライヤの葉や栗の葉）に包んでから石壺（いしつぼ）の中でさらに二カ月間、熟成させたものです。二カ月後、石壺から出てきたものは、前にあったあの強い臭みはすっかり消え去って、非常にマイルドな風味のチーズに変わっているといいます。さしずめ女房が生娘に若返ったようなものでしょう。

ニュージーランドの「エピキュアー」というチーズも実にビックリ仰天の代物であります。このチーズは、熟成工程を缶の中で行い、においの散逸を防ぐことを特徴としていますから、この缶詰を開けたとたん、それまで缶の中に充満していた猛烈な臭気がいっきにほとばしり出てきますから、これをまともにくらえば思わず立ちくらみするほど臭いのです。チーズの入った缶詰は、すべて乳酸菌の発酵によって生じた炭酸ガスや硫化水素などの気体のためにまん丸く膨満し、一触即発、今にも爆発しそうな恐ろしい形をしています。知る人ぞ知るシュール・ストレンミング（「激烈臭発酵食品」の項参照）の状態とよく似ています。このように非常に危険なチーズの缶詰であるため、事故があってはならないとして、缶のレッテルにはこまごまとした取り扱い注意が明記してあるのにも驚かされました。

そこには「真夏は爆発の危険があるから華氏六〇度（摂氏約一五度）以下で保存すること」とか、「開缶は、必ず冷却してから行うことを厳守すること」「いくら冬といっても当地（ニュージーランド）は温暖であるから注意せよ。なお温度が上がると脂肪が分離し、品質が下がる」「開缶後はチーズの塊をポリエチレンのフィルムで包んで冷蔵庫に入れ、においを飛ばさないようにすること」などと懇切丁寧な注意書きがなされています。味は非常に酸味が強いがコクがあり、またそのにおいはどんなチーズよりも強烈であって、他のチーズにない特異なすごみをもっています。

おそらくリンブルガーとかティルジッター、ゴルゴンゾラといった、それでなくとも臭いチーズの代表格よりも三倍は強いと思われます。だからチーズ好きがこのチーズを食べ慣れてしまえば、恐らく他のチーズなど屁のようなもので、相手にしなくなることは間違いなさそうです。

個性派揃い

いずれのチーズとも種類によってにおいの性質はまちまちですが、においだけでなくチーズには形にも実に奇抜なものがあります。例えば、山羊の乳で作った「ベリー」というフランスのチーズは、臭みも相当なものですが、その形はまるで馬糞そのもので、もし、路上にこれを数個置いたら、一人として疑う者はいないでしょう。

トルコには「ベヤーズ」という豆腐のおからに酷似したチーズがありますが、そのトルコでは何といっても「ハニーム・ゲベイ」というチーズがうれしくなってしまいます。このチーズは、裸の踊り娘が腰を激しく振ったり、しなやかにしゃくりあげたりするハレムの官能的な踊りであるベリーダンスの、あの踊り娘のヘソと全くそっくりの形をしたチーズなのですから。このチーズを目で見、鼻でにおいを楽しみながら殿方諸君は想像をかきたててニヤリとするのですよ。一方、スペインの「ヴィラロン」というチーズは「ラバの脚」と呼ばれる、大型で丸長の太いチーズであります。これをスペインの女性が持っていると、やはり男たちがニヤリとするのは、もちろん、ラバの五本目の脚を想像してのことです。

チーズの大きさ比べがあったとすれば、トルコの「トルームチリ」というチーズが恐らく世界最高記録かもしれません。大型の山羊まるまる一頭分の皮袋に、はち切れんばかりにチーズを詰め込んでつくり上げ、巨大な太刀でその皮袋ごと切り裂いてチーズを取りだすという豪快なものです。

材料やつくり方にユニークさがみられるチーズもあります。イタリア南部からバルカンにかけての一帯には「プラスチックチーズ」といわれる一連の風変わりなチーズがあって、なかでも「プロボローネ」というチーズは固まりかけたチーズを仔豚、聖人、熊の親子、トナカイとサンタクロースといった愛嬌ある形の容器に詰めてから熟成させて、形を楽しむものです。また「テタ」というチーズは女性の乳房そのものを真似てつくったもので、ピラミッド型、円錐型、お碗型などさまざまあり、男性はこれを口にしながら、これまたニンマリと致します。

ドイツのバイエルン地方の名物「レバーケーゼ」は、その名のとおり家畜の肝臓入りのチーズで、昔からこの地方には、このような混ぜものチーズが多く、驚いたことに豚の脳味噌に屑肉を加え、これをゼラチンで固めたものに「ヘッドチーズ」という名をつけるほどです。

ギリシャの「フェタ」は、ピックルドチーズ（塩漬けチーズ）の代表的なもので、硬くなったカード（原乳の固まったもの）を味付け、防腐、脱水などの目的で塩漬けしたり、塩でまぶした塩辛チーズであります。またポルトガルの代表的山羊乳チーズである「ラッセ」は、乳を固める時にアザミの花の抽出液を加える古い手法のチーズとして有名です。

このようにチーズほど種類の多い嗜好物は珍しく、フランス、ドイツ、オランダ、イギリス、ニュージーランド、ベルギー、ブルガリア、イタリア、ギリシャ、スペイン、トルコ、中国、アフガニスタン、ロシア、アメリカ、カナダ……。世界中どこへ行ってもチーズの種類の豊富さには実に感心させられます。

臭い鳥

線香のようなにおい

野鳥の中で肉が最も臭いといわれるのが、私たちの身近にいるカラスであります。北海道の馬鈴薯畑でも、夜明けの新宿の盛り場にも、瀬戸大橋の巨大な支柱のテッペンでも、どこでも見られるあの真っ黒い頭のいい野鳥。畑に播いた種子を掘り起こしては食べ、実った稲穂を容赦なくむさぼる仕返しに、撃たれた仲間が見せしめとして首を吊られて晒される。田畑の中の虫や水棲昆虫を食べ、生ゴミを荒らし、小鳥の卵や雛をさらってはこれまたペロリと呑み込んでしまい、蛇やトカゲまで襲って餌食としてしまいます。

極めて雑食性に富むカラスゆえに、やはり肉は臭いのです。昔、田舎でカラスを食べた人たちは、カラスを獲ったら、クセを取り去るために一晩土に埋めておいて、それから羽をむしって料理すると妙に食べられると話していましたが、これはどうも根拠がありません。

カラスの肉を含めてさまざまな臭いものを食べてきた私ですが、カラスの肉の臭さを何と表現しようかと戸惑った挙句、その臭みをズバリ説明できるものを思いつきました。すなわち仏壇に供える線香であります。肉を線香で焚き染めた、そんな異様な臭みなのです。

その不味さと臭みのあるカラス肉をうまく食べるのに、北関東や信州、東北の一部などでは「カラスの蠟燭焼き」というのが行われていました。そもそも本来の蠟燭焼きとは、雉子や鵜のように肉にクセのある臭みをもった野鳥の料理法であります。肉を骨ごと気長にたたいて、それに肉の四分の一ほどの味噌を加え、むらなく混ぜてから少々の小麦粉を加え、さらにみじん切りにしたネギと唐辛子、ユズを加え、少しの塩で味付けし、再びたたき続けて下ごしらえをします。次に三〇センチメートルほどの篠竹の細い棒を芯にして、ちょうど竹輪を巻く要領で塗りつけていくのですが、この棒が蠟燭の太い芯を連想させることからこの名前が生まれたといいます。この肉蠟燭を遠火にかざして、こんがりと、じっくり焼き上げてでき上がりです。

このカラスの蠟燭焼きを福島県阿武隈山地の、とある鉱泉宿の主人に食べさせてもらったことがありますが、かすかに臭みが残るものの、味噌と肉とが火に焙られて焦げたにおいの方がそれよりも強く、いっそうの野趣味をかり立ててくれました。しかし、よく嚙みしめていきますと、肉の奥の方から、あの線香のにおいがほのぼのと起ってきまして、不味かったことを覚えています。それにしても、臭くて不味いカラスを、こんなに手間をかけて料理するなどは多くの人からみれば馬鹿げた気もするでしょうが、こういう料理は、食べて結果がいかがであったかなどという論評よりも、料理すること自体がある種の冒険なのですから、まあよろしいことにして下さいまし。

料理で美味しく

カラスも臭いが、それに負けず劣らず臭いのが五位鷺であるといいます。だいたいこの種の野鳥、例えば鷗、鵜、海雀や海燕、禿鷹、禿鷲、鷹、鳶、梟などの猛禽類は昔から肉が臭く不味いもの、とされてきました。五位鷺の臭みなどは、カラスの肉の線香のにおいのようにトーンの高いものではなく、屍を思わせる陰湿な臭さであるといわれます。

野鳥の王といわれる鶴は、古来長寿の霊鳥として保護されたため、我が国には数多く生息していましたが、一方ではその長寿に少しでもあやかりたいと、捕えられては食べられもしてきました。豊臣秀吉は特に許された者のみに鶴献上の嘉例を許したとされ、江戸時代に入ると朝廷、幕府とも正月の膳には、やはり嘉例として鶴を用いていました。この当時の鶴狩りは、「鶴鷹」と呼ばれる鶴猟専門に訓練された鷹で行い、その年の最初の鶴は幕府から朝廷に献上されたそうです。この鶴の食味についてはさまざまな評価がありますが、いずれも食べてそう美味なものではなく、肉に臭みがあって硬いという記録がほとんどであります。

少し前に中国の廈門（アモイ）市に行った時、自由市場で鴨（かも）（多くは家鴨（あひる）をさす）の腎臓（じんぞう）を干した「腊鴨腎（ラアヤーシェン）」が売られていました。さっそくそれを買い求めて宿まで持ち帰ってしげしげと、そしてじっくりと観察してみました。まず非常に硬い。表面にはところどころに白いカビのようなものがついている。また、その臭気たるや血の腐敗したような陰湿な臭みをもっており、さらに微生物がつくったと思える酪酸臭があって、総じて異臭でありました。それをそのまま齧（かじ）りついて、親指のツメ大ほどを口に入れてみましたが、噛んでいるうちに口中にどんどん異臭と脂肪の酸化した嫌な臭さが広がって思わず吐きだしてしまいました。

味も、うま味というよりはエグ味が強く、とうていこのままで食べられる代物ではありませんでした。この腊鴨腎の食べ方は、病み上がりの滋養料理とするのが有名で、水に漬けて戻したものを野菜とともに炒めたり、スープにしたりするのです。

宿の料理人に「とにかく五個ほど買ってしまったので、なんとか料理して食べさせてくれないか」とお願いしたところ、つくってもらったのが「洋葱腊鴨腎絲（ヤンツォンラアヤーシェンスー）」という料理でありました。タマネギやニラなどと腊鴨腎の炒めものでありますが、これは不思議なことに全くといってよいほど臭みはなく、タマネギと合ってとっても美味でした。

におい山鳥、味も山鳥

「におい松茸(まつたけ)、味しめじ」と昔からいわれるように、茸(きのこ)では松茸のにおいに勝るものはありませんが、しめじを超える味の茸もありません。しかし野鳥に限っていえば「におい山鳥、味も山鳥」だと私は決めつけています。皆さん、この山鳥の芳香を嗅いだことがありますか？　この芳香を野鳥臭いとか、クセがあるとかいって一言文句をつける人も少なくないようです。ところが、この芳香こそ、実は本当に不思議な話なのですが、松茸の香りに酷似しているのです。

生の肉の時はむしろ獣臭(けだものしゅう)しか感じられないものが、松茸の場合と同じように、焼くとあの松茸の芳香に変わってしまうのですから、全く不思議なものでありますなあ。ですから、山鳥の一等上品でかつ野趣味を満喫する食べ方を選ぶならば、肉身を適当な大きさに切りそろえてから竹串に刺し、塩も醤油もつけないで炭火で焼いて熱いうちに食べるに限ります。肉の表面が少し焦げて、チリチリというくらいのものが絶妙で、竹串にうつのが面倒ならば鉄板の上でチリチリ焼きするのも絶佳であります。こうして焼くことにより、松茸と酷似のにおいがでてきますが、この風味こそ、野性のうま味の原点であって、嚙みしめると著しく甘味とうま味がでてきて、香気がすこぶる高いことになります。この香味を味わった者ならば、何もいわずに頭を下げずにはいられないだろうと私は思っています。また、屑肉と骨は、よくたたいて梅干大に丸めたのを煮ても揚げても満点であり、ネギとゴボウを加えて味噌煮にするのも格別の風味があります。

シギ（鴫または鷸）という野鳥がいますが、肉量は多く、幾分の野臭はあるものの、極めて美味な肉として昔はおおいに捕えられて食べられました。主な食べ方は鉄板焼き、じぶ煮、吸い物、味噌漬けにしてはなはだよく、串に刺して焼いた肉片の、まだジリジリと鳴いているところを熱い酒の中に入れるシギ酒も格別であるということです。

最も豪快な食べ方として記録に残っているのは、羽毛をむしってから毛焼きをして腹を開け、内臓を引き出す。これにニンジン、ゴボウ、シイタケ、キクラゲ、豆腐のおからなどを味醂醤油で味付けしたものを詰めて糸で縛りつけ、蒸籠で蒸し上げたものを輪切りにして食べるというものです。

ところで、「鴫焼」という料理がありますが、これは野鳥のシギを焼いたものではなく、焼きナスに練り味噌を塗った野菜料理であります。この料理の名の起こりは、昔はナスの中身をくりぬき、シギ肉を入れて壺焼き風にしたからで、手法の変遷とともに今ではナスの田楽料理となった次第です。

ナスは縦二つに割って皮付きのまま金串に刺して切り口にさっと胡麻油を刷(は)き、炭火で焦がさないように両面から焼いて、練り味噌を塗ってからさらにちょっとの間、焼き目を入れ、器の上で串を抜き、粉山椒(こさんしょう)をふりかけてさっと食べます。練り味噌は、味噌をだし汁、味醂、砂糖、酒などで調味してからよく擂(す)り混ぜ、少しとろ火で煮詰めることが肝心です。

ペンギンは南氷洋にすむ海鳥で、飛ぶことはできませんが、泳ぎは天才的です。このペンギンを食べたことのある人に話を聞いたところ、クジラやイルカに酷似した臭みをもっているものの、味はクジラそのものであり、非常に美味だったとのことでした。南極のペンギンは、クジラと同じ大型プランクトンのオキアミを主食にしていますから、肉質もクジラに似ているのかもしれません。

海の鳥といえば、三十年も前のことですが、釣り針に掛かってあわれな最期を遂げたおっちょこちょいの鷗を食べたことがありますが、これもかなり臭くて、とても駄目でした。

葷

ニンニク臭には古代人も悩んだ

「葷」とは臭気を強くもった野菜や根茎のことであります。食を通した臭みの中で、その葷の類で最も臭みのあるのはニンニクでありましょう。多めに食べたあとなどは吐息を気にしなければならないほどの強者です。しかしニンニクほど料理の材料として重要なものはなく、そしてこの強者ほど美味いものも稀であります。ある有名な食の達人が「ニンニクを美味いと思う人間はニンニクの臭さを好む人で、ニンニクの臭気が鼻につく人はニンニクの美味さを知らない人だ」といいましたが、やはりニンニクのにおいは人間が食べ続け、そして顔に鼻を持つ限り、永遠の話題となることは確かであります。

「ニンニク文化圏」という考え方があって、それはニンニクを食べる民族と食べない民族とが画線で区別されるというものであります。一国の中でさえ、その文化圏は異なり、例えばフランスは、ニンニクを食べる地域と食べない地域とにはっきり分かれるそうです。そのニンニク文化圏の分布図によりますと、アジアでは中国や朝鮮半島はその中に入りますが、日本はそこに入らない。どうしてそんなことになったのか、ひょっとしたら日本人には公徳心の強い人間が多くて、ニンニクを食べるとその臭さで他人に迷惑をかけるからではないかという人もいますが、まさかそんなことはありますまい。恐らく、日本人は昔から質素な食事が続いてきたので、あのような臭者は素朴な食卓に合わなかったのかもしれません。また仏教の影響が多分にあったことも確かでしょう。

神武天皇の歌に「みつみつし　久米の子等が　粟生には　臭韮ひともと……」とあるこの「臭韮」とはニンニクのことであろうと解釈されていますから、日本でも相当古い時代から食されていたと考えてよいでしょう。しかし、その強い臭気のために昔から男女交際の場では敬遠されたらしく、平安時代の貴族たちは、ニンニクの臭気とは全く正反対の香の方に強く心がひかれていました。『源氏物語』の有名な、帚木の雨夜の品定めにも「極熱の草薬」とあって、いかに薬用とはいえ、これを喰った女に接するより鬼を抱いた方がよい、とまで酷評されているのは大変面白いところであります。

魔除けに使われるのは世界共通

ニンニクは古くから民間薬としての使われ方が多く、薬のなかった時代では、切り傷におろしたニンニクをつけ、また風邪の発汗によいからと焼きニンニクを食べさせたりしてきました。古く土用の入りにニンニクと赤豆粒とを生のまま水で飲めば疫病をまぬがれるとして、多くの人が飲んだといいますし、また農家の門戸にニンニクを丸のまま吊るし、疫病除けや魔除けとした風習は、いかにニンニクの臭気が民間に崇められていたかを語ってくれるものであります。農家が家の軒先に丸のままのニンニクを吊るして魔除けとする例は、外国にもあちこちあります。

ニンニクは強精剤としても知られるところでありますなあ。「精がつく」「馬力がかかる」など、その効果を昔から信心する人も少なくありません。それでは一体どうなのだろうかと調べてみましたらば、これがまんざら科学的根拠がないわけではないのです。ネギ類は一般に含硫化合物と含燐化合物がたいそう多く含まれていて、これらの成分は人体内にあってさまざまな生理的活性化を働きかけているのです。例えばニンニクにあるアリシンはビタミンB_1と結合してアリチアミンとなり、筋肉の疲れやからだ全体の疲労を回復させるのに役立っています。

ニンニクのうま味の原点を知ろうとするならば、こんがりと串焼きにした熱いままをフーフーいって齧ることにあろうかと存じます。またおろしたニンニクを味噌とともによく擂りあてたニンニク味噌といった嘗物も熱いご飯に絶妙で、ニンニクの素晴らしさを教えてくれます。しかし何といっても一番よろしい食べ方は、活(い)きのいい鰹の刺身に薬味添えをすることであります。ショウガを好む人も多いようですが、私の場合は断然ニンニクであります。他人への迷惑など考えずに、思う存分たっぷりのニンニクを鰹の刺身につけて口の中に放り込むことにしています。口の中、食道、胃袋そして鼻孔などが、たまにはニンニクまみれの美味だらけになって、感激するのもいいことなのですぞ。

ニンニクを主材にした素朴な酒の肴を一品伝授申し上げましょう。フライパンにバター大サジ一杯をのせ、バターがジュクジュクと溶けだしたらニンニクの粒（薄皮をはいだ白い玉）を二十個ほど入れて表面がうっすらとキツネ色に色づいて焦げはじめる程度まで加熱します。フライパンから引き上げる直前に塩、コショウ、刻みパセリを少々振って調味し、器に盛ります。実に簡単で素朴なつくり方ですが、ニンニクのよさをそのままに味わえる感激ものです。なお、これにアサリのむき身を加えて一緒に炒め焼きにしますと、いっそう威張れる肴となります。

鰹の刺身にぴったり

中国から輸入されている蒜苗(スアンミャオ)は上品な臭みと味をもったネギであります。この名をはじめて聞いた時、一体どのようなネギなのかが知りたくなり、さまざまな本を読みましたがどうもわからない。ところが、ある出版社の「漢方薬と料理」といった本に蒜苗のことがでていて、そこには「蒜の花茎である蒜苗は料理にすると効果的な強壮剤になる」とあって、蒜苗とはニンニクの花茎であることがわかりました。ニンニクが花をもった後、すぐに花の部分を切り、その下の長い部分を食べるというわけです。さまざまな野菜や肉での油炒め、チャーハン、シューマイ、ギョウザ、ワンタンなどの中華料理にはことのほか合いますが、オムレツや味噌汁、吸い物などに使っても通常のネギにない風味となり、妙であります。

北海道の味覚の一つに行者ニンニクがあります。ユリ科の多年草で初夏に三〇センチメートルほどの花茎を出し、頂端に白色または淡紫色の小花を球状につけて、別名をアララギ、ヤマアララギといい、漢名は茖葱です。深山の樹下に生じ、地下にラッキョウに似た鱗茎をもち強臭を放ちます。この行者ニンニク、生のままで放つ臭気は、ネギ、ニラ、ニンニクの類では最も強烈で、恐らくニラ、ニンニクと比べて二倍は臭いと考えてよろしいでしょう。ところが味となると大変に上品で、特に調理後の甘味の広がりは素晴らしいものです。また、この行者ニンニクのいまひとつの特徴は、他の葱韮類に比べて断然、醬油との相性がよいことで、また歯ごたえもニラ、分葱に劣らぬ腰の強さをもっている頼もしい野草であります。

食べられるところは鱗茎、若芽、蕾で、鱗茎は花の終った後と若芽のうちが充実していて美味。若芽、蕾はサッとゆでてお浸し、和え物、酢の物、生のまま汁の実にしてもよろしい。鱗茎は生のままに味噌をつけて齧るのが最高ですが、北海道の知人が年一度送ってくれるものを私は次のように食べます。

鱗茎を摺りおろし、これをだし汁でのばした醬油で溶いておく。別に若芽をさっとゆでたものをつくり、これに先ほどの醬油をふりかけて浸しものとしながら、この浸しものを鰹の刺身にのせて食べるものでありますが、これぞ鰹の刺身の食べ方では殿様格であり、その味わいといったら、まことに一種容易ならぬものがあります。北海道釧路市のカネセフーズという会社が、鮭の魚醬(ぎょしょう)を開発し、それに行者ニンニクを入れたものが市販され大好評になっています。これをその鰹の刺身にかけて食べたり致しますと、もうほっぺたが落ちるのではないか、躍った舌が止まらないのではあるまいか、といった絶妙の食味状態になるのであります。

日本料理には欠かせない

ナガネギ(長葱、以下ネギという)の原産地はシベリアとされますが、これを自国のものとして自国の料理に最も多く使い、欠かすことのできない存在に育ててあげてきたのは日本人であります。ヨーロッパではサラダの香辛料として少量栽培される程度で、そう需要は多くありませんが、日本では違います。

我が国ではすでに『日本書紀』に「秋葱（あきき）」の記載があり、天皇即位の大嘗会（だいじょうえ）には神饌（しんせん）の一つとして供されています。ネギを日本人が古くから大切に育ててきた理由の一つには、ネギの成分には消化液の分泌を促進し、胃腸を整え、神経の衰弱や不眠に効き、寄生虫を去り、発汗に効果があるなどの薬喰いから発展したものだろうといわれています。ユリ科に属する多年生草本で、仲間には分葱、浅葱（あさつき）、韮（にら）などがあり、いずれも手近にあって日本料理に欠かすことのできないなじみのものであります。

ニンニクも含めてネギ類に共通する特有の臭気は揮発性含硫化合物が主体で、それを構成する主要な成分はメチルアリル、ジメチルスルフィッド、ジメチルトリスルフィッドであります。

ただ、ネギはメチルアリルを主体とするのに対し、韮はメチルメルカプタンとメチルスルフィッドが多い、というようにネギの種類によってにおいの性格も異なっています。タマネギも共通のにおいをもっていますが、鼻でじっくり観察してみますと明確に異なることがわかります。

ネギ類は大変強い臭みをもっているため調理にあっては魚や肉から獣臭（けだものしゅう）や生臭さを弱め、またネギから出る刺激臭も料理の中に入るとたいそう落ちついておだやかなものになります。

ネギは関東では下仁田（しもにた）葱、千住（せんじゅ）葱、深谷（ふかや）葱が有名で、たいがいの日本料理にいつも顔をみせるなじみのものです。刻んだものを納豆に混ぜると、混ぜないものに比べて香味に格段の差をつけて食欲を引き立ててくれますし、熱い味噌汁の上にパラパラと浮かべただけで味噌汁が一段と絶品となるから実に不思議な薬味であります。

私の最も好きなネギの楽しみ方は、まず「串焼き」で、白根の部分を四〜五センチメートルほどに切り、これを一五センチメートルほどの竹串に四〜五個ほど刺して胡麻油をぬり、一度両面をあぶってからその片面に練り味噌を刷き、さらに焦げ目がつくくらいまで焼いてから皿にとり、粉山椒をまいて熱いうちに食べるというものです。

また小泉流「ネギのマグロ鍋」も舌に馬力がかかります。鍋にだし汁と酒を適宜入れて煮立ったところに醬油を加えて味を調え、その鍋の底いっぱいにネギを斜かけに切ったものを敷きつめる。ネギに汁がかぶさってきたところに、脂肪身が多めの中トロ付近のマグロをのせ、煮加減をはかって箸をつけるのであります。この手法はブリや牛肉でも結構で、この料理でのネギと魚や肉の相性を悟った人は、以後病みつきになってしまうこと間違いありません。ほかにネギだけの「ぬた」も乙です。塩を加えた熱湯に三〜四センチメートルにぶつ切りしたネギをくぐらせただけで冷まし、別に味噌、砂糖、味醂、酒、酢、芥子で調味しておいたタレにそのネギを和えただけで出来上がりです。やたらと魚介やワカメなど入れずにネギの風味だけを味わう時、本当のネギの素晴らしさがわかるというものです。

獣臭にはニラが効く

分葱は「根もとが多くの株に分かれた葱」という意味で、ナガネギほどの強い臭気はなく落ちついた感じのお洒落なネギであります。このネギは香味の上品さを身上としますから、たいていの場合は薬味として使われますが、ゆでて食べる時にはゆですぎは厳禁で、ヘタヘタと腰が抜けて流体状になってしまい、においも劣化して鼻もちならなくなります。最も美味い食べ方は、やはりアサリのむき身との「ぬた」で、塩を加えた湯にさっとくぐらせるだけで、あとはいつものぬたつくりにすればよいのです。

浅葱はエゾ葱または糸葱ともいい、春、日当たりのよい土手などにヒョロヒョロと伸びてきます。ラッキョウを小さくしたような白い小さな玉を根茎とし、生のまま味噌をつけて食べると強い臭気と辛味が口に広がります。知る人は少ないのですが、浅葱の薬味はフグ刺しと実によく合います。それは橙酢の味とにおいに浅葱がよく合うからで、フグ刺しのみならずちり鍋の薬味にも絶妙です。さらに私は、この浅葱の食べ方として根茎を一夜の味噌漬けとするのが絶品であることを知りました。おだやかな辛味は、味噌を一夜の褥にして寝てさらに上品さを増しますから、二十個ぐらいはペロリと舌の上をすべってしまいます。

韮は俗にニギリベ(握り屁)といわれるように、はじめからただならぬにおいを持っています。この特有の臭みはメチルスルフィッドとメチルメルカプタンが主体で、その臭みのため肉類の獣臭を消すのに非常に有効なネギとして知られ、その代表料理が「ニラレバ炒め」であります。たしかに長ネギや分葱でレバー(肝臓)を炒めたところで、あのしつこい獣臭は消えないのですが、ニラだとまことに不思議に消してくれます。日本料理よりは中華料理に比較的多く使われ、肉との炒め物やギョウザの中身などに欠かせません。日本料理で最も知られるところは卵とじや卵でとじたすまし汁、白魚とのすまし汁などですが、むしろニラのにおいを生かしたものとして、土鍋を用いてだし汁で粥を作りニラをたっぷり入れた「韮粥」などはまことにあっさりした健康食であります。

実は外来菜

エジプトのピラミッドをつくる労働者が、その暑さと過労のためにヘトヘトになってもタマネギを齧りながら頑張ったという話は有名です。タマネギの主成分は特有の甘味と臭みをもった硫化アリルで、この成分はニンニクに共通するものですから力づけに用いたのでありましょう。したがって人類は相当古い時代からタマネギを強壮用として食べていたことがわかります。

原産地はペルシャ湾岸とも、またインド北西部や中央アジアともいわれていますが、定かではありません。ユリ科の多年生草本で、日本には明治十年に入ってきたといわれますが、以来、我が国の土に合った辛タマネギが主体になり、欧米の甘タマネギと一線を画しました。

タマネギの単独料理はあまり例をみず、主として西洋料理の素材として幅広く使われています。何といっても肉の味とよく調和し、特に洋風の煮込み料理ではタマネギ抜きのものは考えられないほどであります。またオニオンベースのスープやシチューは、ほぼ全世界的料理となっています。

タマネギを調理する時に発生する刺激臭は、ときおり料理人の目に涙をためます。あの主成分は二硫化プロピルアリルと硫化アリルという化合物で、涙腺(るいせん)を刺激してゆるめ、涙を出させるのであります。これを完全に避けるための有効な方法はないようですが、あまり刺激が強すぎて、乙女がゲーテの『若きヴェルテルの悩み』を初めて読んで、ロッテとヴェルテルの心の葛藤(かっとう)に止めどなく流す涙と同じくらい、はたまた古くは映画『二十四の瞳』の高峰秀子(たかみねひでこ)扮(ふん)する大石久子(おおいしひさこ)の日本人的母性感に、国民の多くが溢(あふ)れるばかりの涙を流したと同じくらい多量の涙が出るのでありますれば、タマネギを水の中に入れて皮をむくがよろしい。

タマネギの最大の魅力は肉料理の獣臭を消すのにもってこいであり、それが肉のうま味を引き立たせるのにも格好であって、その上ニンニクと異なり加熱後は口に臭さが残らない点にあります。また、タマネギには糖質が七パーセントもありますから甘く、さらに多量に含まれている二硫化物も加熱されると甘味の強い成分に変化しますので、甘くなるのです。例えば加熱によって二硫化プロピルアリルが変化して生じるプロピルメルカプタンという成分は、砂糖の五十倍もの甘味を持つ成分なのですぞ。うま味の中心となるアミノ酸も一〇〇グラム中四〇〇ミリグラム含まれているから、いっそうよい味となるのです。

タマネギは、もう外来菜の仲間からはずしてよいほど、我が国では一般的な野菜となりました。それは日本の気候や風土に合った品種に改良されたためで、春播き、夏播き、秋播き、冬播きの全季節型に品種をもち、さらに白色系、黄色系、小タマネギ系といった形質の違った品種ももち、その上、貝塚(かいづか)、今井(いまい)、泉州(せんしゅう)といった地域特性をも備えているからです。今日、我が国のタマネギは、西洋の血ははるかに薄くなり、日本の血を濃くもった野菜なのであります。

ここでは、タマネギのもち味を生かした純フランス風の「オニオングラタン」のつくり方を述べておきましょう。寒い夜、ワインの肴として実によく融合するからお勧めです。タマネギを薄切りにしてフライパンに入れ、これをバターでキツネ色になるまでとろ火で炒めます。ここで黒く焦がさぬことが大切で、焦がしてしまうとあとで加えるチーズのにおいをだいなしにしてしまいます。これにコーンスターチを大さじ一杯ほど、表面全体に雪がふったようにバラバラと撒き、さらに二分間炒めます。次にデパートやスーパーで売っているビーフブイヨンの角粒三個を用意し、六カップの水で十分に溶き、さらに塩と白コショウで調味してからこれをタマネギの上に注いで弱火で一〇分間ほど煮込みます。これを、オーブンに入れるキャセロール（耐熱容器）に移しかえ、この上にスライスしてからトーストしたフランスパン二、三枚をのせ、さらにその上から大きなガス孔のあるフランスの硬質チーズ、グリュイエールチーズをおろして粉状にしたものを大さじ三杯ほど撒き、これをオーブンに入れて一九〇度の強火で一〇分間焼けばでき上がりです。

日本酒の肴に似合うタマネギ料理も一品加えておきましょう。タマネギ一個を五ミリメートルほどの厚さに切り、フライパンで油炒めしてほんのりとキツネ色にします。別に、味醂大さじ三杯を煮たてたものに大さじ三杯の醬油と砂糖一杯、それに日本酒一杯を加えてよく溶かしあってから半量まで煮つめておきます。このタレを、器に盛ったタマネギにかけ、炒りゴマ大さじ一杯と刻んだニラ小さじ半杯を撒き散らし、上から心持ちの七味唐辛子を振って「タマネギのゴマ醬油かけ」とします。

以上、ネギやニンニクの類「葷」について述べましたが、私たちが食べている植物にはさらに異様な臭みをもったものがたくさんあります。そのほんの幾つかを述べておきます。

特有の臭気を発する

中国の香椿（シャンチュン）は、特有な臭気を発するセンダン科の植物です。昔、中国から渡来したものですが日本の庭でもときどき見かける落葉高木で、木にも花にも特有の臭気があります。中国では、この木の若葉とやわらかな茎の部分を料理に使いますが、料理直前の臭気たるや、これまでにあまり嗅いだことのない特異な臭みをもっています。

何と表現してよいのか戸惑うほどですが、私なりに例えるならば、「青臭い栗の花のにおいにクサギカメムシを潰したような異臭が絡まり、そこにドクダミのような生臭さが混じり込んだ臭気」であります。最近はこの香椿が冷凍され中華料理の材料として中国から輸入されていますから一度おためし下さい。

その香椿の中国での料理で代表的なものは「香椿頭絆豆腐（シャンチュントウパントウフウ）」です。豆腐の水を切り、これを短冊に切って器に入れ、塩を振ってしばらくしてから今一度水を切ります。別に香椿の若葉を湯にくぐらせ、しぼってみじんに切って豆腐の上に撒きます。その上に香油（ゴマ油でもよい）をかけて仕上げます。豆腐の上に刻みネギ、鰹節、おろしショウガをのせた日本でいえば冷奴（ひややっこ）みたいなものですが、湯にくぐらせてみじんにした香椿にはそれまでの強い異臭はなく、一種の漢方薬のようなにおいに変わります。

このにおいを一度覚えると頭の中にいつまでも残って消えないため、二度目からは非常に好んで食べることができます。

低地の林下や路傍に群生するドクダミは、折ったり傷をつけたりすると特有の生臭い臭気を発生させます。この臭気はラウリンアルデヒドやカプリンアルデヒドなどの比較的分子量の高いアルデヒド類だけに、なんとなく陰湿な臭みを感じさせます。漢方では「魚腥草（ぎょせいそう）」の名で解熱、解毒、利尿、湿疹（しっしん）の治療などに作用し、日本でも腫（は）れもの、虫さされ、切傷、駆虫、高血圧、胃腸病、便秘、皮膚病などに用い、「十薬（じゅうやく）」の名があるほどです。根にはデンプン質を多く含むので救荒食として昔は大切にされたこともありました。その悪臭のために地方によっては俗に「手腐（てくさ）れ草」と呼ぶこともあるほどですが、乾燥したりゆでたりするとその臭気も消えるので、ゆでて和え物や浸し物にしたり、さらには油炒めなどにすると特有の歯ざわりが快く、捨てたものではありません。

大根と沢庵

食用から薬用まで

特有の臭気をもつ根菜といえば、まず大根（だいこん）であります。大根はアブラナ科の一～二年生草本で、原産地は地中海（ちちゅうかい）沿岸とするのと、西南アジアから東南アジアにかけてであるという二つの説がありますが、決着はついていません。エジプトでは四千五百年以上も前のピラミッドの壁に大根に関する記録があり、中国では三千年前、そして我が国では千年前に文献記載があります。

栽培の歴史や生態特性から西洋大根、中国大根、日本大根の三種に大別され、この中で日本大根は日本従来種の野生大根と中国大根とが長い間に複雑に交配しあって成立したものと考えられています。『延喜式（えんぎしき）』には「大根（おおね）」と紹介されて、その栽培法や利用についてまで細かく記載されており、すでに平安時代にはその食法や料理法が確立していたほどでありますから、相当古い時代から食べられていたことには間違いありません。大根はもともと冷涼な風土を好む（中国大根は華北型が多く、西洋大根は中央アジアからコーカサス型が多い）ものであるにもかかわらず、日本では鹿児島にまで名物があるくらいですから、よほど日本の土地に合った根菜といえるようです。地球上では昔から日本人が圧倒的に多く食用としていて、貝原益軒の『養生訓』には「大根は菜の中で一番上等である。いつも食べるがよい。葉のこわいところをとりのぞいて、やわらかい葉と根とを味噌でよく煮て食べる。脾を補って痰を切り、気を循環させる。大根の生の辛いのを食べると気がへる。しかし食滞のあるときは少しぐらい食べても害はない」と訓じているほどです。

また『徒然草』第六十八段には、常食していた土大根の化身に危機を救われたという話が出てきます。これらの話から昔は大根を薬喰いとし重宝していたことがよくわかります。ちなみに古くから伝わる大根の薬効は咳止め、痰切り、のどの腫れ、風邪などに効くとされ、日射病での高熱の時、おろした大根を足の裏につけると不思議に解熱効果が現れるといいます。

日本料理の中心にあり

大根特有のにおいはイソチオシアネートやチオシアネートのような、やはり含硫化合物によるものであります。大根料理には、おろし、なます、風呂吹き、煮物、汁の実、飯や粥の実、和え物などあり、また加工して切干、沢庵漬けとまことに多彩です。

これらの料理には、あの大根の臭みと辛さ、苦味などが実によく生かされていて、すべて日本料理の中心にあるものばかりです。おろしたものは和え物、煮物、椀物で食べられ、特にシラス干し、ナマコ、シバエビ、チリメンジャコ、生ガキ、ナメコなどに添えると、まことにさっぱりとして情緒すらも楽しめます。また、搗きたての餅を大根おろしで食べますと、鼻も舌も快調さが増して、捨てがたい趣をもっています。

戦前、東京の麴町にあった「星岡茶寮」（今の赤坂の日枝神社下にあるザ・キャピトルホテル東急のところにあった）は天才・北大路魯山人差配の超一流料亭でありましたが、ここでは冬場だけ手打ち蕎麦を出したそうです。それは魯山人が手打ちの名人といわれていた竹林新七を招いて料理人に仕込ませたもので、その素晴らしい蕎麦とツユの評判は極めて高かったそうです。そこに使われた薬味は京都に特注して取り寄せた鷹ケ峯の辛み大根のおろしたものだけであったため、それが収穫される冬場だけの手打ちということになったのだといわれています。食聖・魯山人、蕎麦と辛み大根の相性を知りつくしての技であり、心にくい話であります。

漆塗職人が冬になって漆の乾きにくいのを歎いている時、大根のゆで汁を風呂（作業室）に霧で吹くと、非常によく乾くことを発見し、そのため、冬はいつも大根のゆで汁だけを用いていて、不要の大根は近所へ配ったとのことから「風呂吹き大根」の名の起こりがあります。肉質が緻密で、太くてやわらかな新鮮な大根を選び、厚さ四センチメートルほどの輪切りにして用います。普通は鍋にだしコンブを敷き、大根の切り口を上にしてぴったりと並べ、かぶるくらいの水を張って少々の塩を加え、落とし蓋をしてやわらかくなるまで湯煮します。この時、少々の大豆か米を入れると中までよく煮熟できます。風呂吹き大根が不味か美味かは、大根の選び方および炊き方とタレであるゴマ味噌の出来具合によって決まるといわれ、炒りゴマを擂り鉢でよく擂り潰し、これにあまり塩辛くない味噌を擂りまぜて煮出し汁少々と卵黄を加えてよくのばし、小鍋にとってとろ火にかけ、焦げつかぬように注意してかき回し、とろりとなった程度で火を止めます。大根がよく煮えたところでこれを崩さぬように網杓子で上げて深い蓋つき器に盛り、上からゴマ味噌の熱いところをかけて冷めぬうちに召し上がることです。その美味さと情緒は食味の絶頂を来すことになります。

江戸時代の『大根料理秘伝抄』（一七八五年）に「伯州名物大根卵和仕方」があります。今の鳥取県での神事の際の料理でありましたが珍しいので、そのつくり方を述べておきます。大根は三センチメートルぐらいの細切りにし、塩を少し振ってしばらくおき、水で洗って水を切ります。次にこれをだし汁でやわらかくなる程度まで煮、別に固めのゆで卵を作り、裏ごしをかけてから擂り鉢にとり、白味噌を入れて擂りあわせ、からめ衣とします。大根を鍋から上げて汁気をしぼり、大きめの器で衣をからめて和え、器に盛るのです。

微量でもにおう

大根を原料とした沢庵漬けも強い臭みをもった伝統的発酵食品であります。ひと昔前、バス通学や汽車通学をした時、日の丸弁当の端にほんの二、三切れ入った沢庵から発生する、あの特有のにおいがその周囲に漂って、なんとなく困った経験をもつ人も少なくないでしょう。

あの臭いにおいは硫化水素やメルカプタン、ジスルフィッド、ジメチルスルフィッドなど、おもに揮発性硫黄化合物群で、このにおい軍団は驚くべき小数値の刺激閾値をもちますから、微量でもそれこそ周囲に漂わすこととなるのです。また、これらの含硫化合物は人間の屁にも濃く存在しているために、大根料理は時おり屁の臭さの性格を特徴づけることもあります。

大根には、他の野菜に比べて数多くの含硫化合物（メチオニン、システイン、シスチンなどの含硫アミノ酸やチオシアネート、メチルメルカプタン、ジメチルスルフィッドなどの硫化物）が含まれていて、これが糠漬けの発酵過程で微生物の分解をうけ揮発性硫黄化合物軍団となって飛散するから、あのような強い臭みとなるのであります。

大根の糠漬けのにおいが、その周りの空気中に陰湿なほど伝播して、あたりを隈なくにおい染めしていくのは、それらのにおい軍団の刺激閾値の小ささと拡散範囲の広さにあります。例えば、沢庵漬けにごく微量含まれていて、臭みを強く感じさせるメチルメルカプタンの閾値はなんと〇・〇〇〇四四ミリグラム毎リットル空気（一リットルの空気の中にメチルメルカプタンが〇・〇〇〇四四ミリグラム含まれると人間はにおいを感じることができるということ）であります。ミリグラム毎リットルとはｐｐｍの単位を意味し、さらに一ｐｐｍとは一〇〇万分の一の量をいいますから、メチルメルカプタンの値はとんでもない小さな数値となります。そんなに超極微量の存在でも、屁のようなにおいを放つのですからたいしたものですねえ。ちなみに同じく沢庵漬けに含まれるエチルメルカプタンの閾値は〇・〇〇〇六ミリグラム毎リットル、ジエチルスルフィッドは〇・〇〇〇三ミリグラム毎リットルです。

なお参考のために人間と犬の嗅覚(きゅうかく)能力を比べてみますと、においを感じる脳細胞数は人間が平均して五百万個であるのに対し、ダックスフントが一億二千万個、フォックステリアが一億五千万個、警察犬のシェパードが二億個といわれますから、犬の鼻はまさに超能力ということになります。ですからもし、犬にメチルメルカプタンの刺激閾値を求めてみたとすれば、その数値は〇・〇〇〇……というように何桁(なんけた)の〇(ゼロ)が重なるのか、想像しただけでも気が遠くなる話であります。

沢庵は大根の糠漬けですが、その名の由来にはいくつかの説があります。保存漬けとしての「貯(たくわ)え漬け」が音転して「たくあんづけ」となったというこじつけ説もありますが、これは承服できません。また、江戸品川(しながわ)の東海寺(とうかいじ)の和尚であった沢庵がこの漬け物を考案したからというのが最も有力ですが、東海寺の漬け物は古くから百本漬けという名で来ていましたから、これも賛成しかねます。だいいち、沢庵和尚が生きていた時代（一五七三〜一六四五）より、はるか前に沢庵漬けがあったのですからなおさらです。とすると、沢庵漬けはおそらく「沢庵(じゃくあん)」から来たのであろうと考えられます。「沢(じゃく)」には「閉じこもる」とか「隠れて見えぬ」といった意味があり、「庵」には「落ちつく」とか「耽る(ふける)」の意味があります。そのような感じの漬け物を京都や九州では昔から沢庵(じゃくあん)と呼んでいたのをみると、どうやらその後、沢庵(じゃくあん)を経て沢庵(たくあん)になったと思ってよいようです。

沢庵漬けを使って変わった肴(さかな)をひとつ。古漬けの沢庵を丸のまま厚めの輪切りとし、これをゆでて塩けを抜く。この時、古漬け本来の酸味を残すのがコツ。これを鍋にとり、その上にチリメンジャコを撒(ま)いてから濃いめのだしで煮あげ、小皿に盛ってその上に好みで七味唐辛子をかけます。かなり田園的な酒の肴となります。

臭い果物

神秘の芳香

果物というと、「フルーティでございますねえ」とか「鼻をくすぐる芳香でございますわ」なんて皆がいいますが、中には鼻もちならぬ臭物（くせもの）もあるのです。特に熱帯の南方には臭みをもった果物が多く、パパイヤもそのひとつであります。

木に実る瓜（うり）だから和名は「木瓜（もっか）」ともいい、南アメリカ原産で十六世紀にスペインの探検隊によって発見され、以後カリブ海や東洋にまで広がりました。

今日、世界最大の生産国はスリランカで、我が国では沖縄県、高知県海岸地方、和歌山県、南伊豆などの温暖地で栽培されています。ビタミンB_1、カロテン、ビタミンCが非常に多く、また未熟な果実の表皮に傷をつけると白い乳液が出てきて、そのにおいが青臭く、性状はドロドロの白で、ちょっと精液を思わせるほど珍奇でありますが、その液には不思議な力があるのです。タンパク質を分解するプロテアーゼという酵素をもっていて、この乳液を取り、凝固、乾燥させた製剤は「パパイン」と称して消化剤となったり皮革の軟化剤、冷凍卵の発泡剤、ビールの清澄剤（ビールの混濁はタンパク質の浮遊にある）、肉の軟化剤など非常に広い範囲に使われています。中でも中国南部や東南アジアのように肉質の硬い水牛を比較的多く食べる国々ではパパインはその軟化剤として重宝されているのです。

未熟な果実の青臭さは、熟成すると特有の臭みを放ちますが、一度口にして、そのマイルドな味に慣れれば臭みなどはむしろ付録のようなものと感じてきます。でも、あの手のにおいの嫌いな人は敬遠しがちですなあ。臭みの本体は酪酸と吉草酸のメチルおよびエチルエステルで、果物の芳香性のエステルが、むしろどぎつくなってしまったための特異臭と考えてよろしいのです。ある人は「チーズの腐敗したような臭さ」といい、またある人は「ウンチ臭い」などともいいますが、私がさまざまなパパイヤを味わった限りでは、樹上でじっくりと熟させたものにはそういう臭みがあまりなく、味も格別の感がありました。南国に行って、これを冷やして生食するに勝る食べ方はありませんが、ジュース、アイスクリーム、ジャムなどに加工しても、臭みさえ気にしなければ野趣味を大いに楽しめます。

東京のレストランでパパイヤのてんぷらを食べたことがありますが、これも意外に美味でした。

「熱帯果実の王様」といわれるのが大型果物のドリアンであります。王様とは、これまた素晴らしい名前をつけられて、さぞドリアンは喜んでいるに違いありません。でもそれは、味が王様ということだけではなく、果面に剛健な刺をもつ威容のこともさしているのです。ドリアンのドリ（Duri-）はマレー語で刺の意。人の頭ほどの果実の表面の刺は自然が創ったものとはいえ神秘を思わずにはいられないほど素晴らしいものです。

マレー、ミャンマー、スマトラ、ジャワなどに多産しますが、日本の都市の果物店に並ぶものはほとんどが輸入で、非常に高価な果物です。果実の重さは平均二〜三キログラムですが、品種によって異なり、小さいものでは五〇〇グラムほど、最大となると五キログラムを超えるものまであります。

果肉には強烈な異様な臭気があり、食べ慣れない人には苦痛さえ与えますが、その強い異臭の中をじっと鼻で観察してみますと、南国のトロピカルな果物の芳香も確実にもち備えていて、そのにおいもしっかりと蠢いているような感じがします。それはちょうどドリアンの果肉の中で、ひっそりと息づく神秘の芳香をもったお姫様を、異臭をもった刺という強者たちが守っているかのようにも思われました。

空の上で放たれたにおい

私は年に数回、研究のために沖縄県に行きます。那覇市の国際通りの裏にある平和マーケットが大好きで必ずそこに足を向けますが、いくつかの果物屋の店頭に、このドリアンが置いてあります。土地柄のせいもあってか、東京などとは比較にならないほど新鮮なドリアンが多く、その上安いのです。安いといっても一個三〇〇〇円ぐらいはするのですが、それでも東京あたりとは比較にならないほどです。先日も、なんとか安くしてもらい、共同研究者らと分け合って食べましたが、やはりあの異臭の中に確実に素晴らしいフルーティな芳香があることを確かめることができました。

さてドリアンを切ると中は五つの部屋に分かれており、各室に一個または二、三個の栗の実大の種子があります。その種子の周辺のクリーム状のところが可食部で、種子も煮て食べますと栗と同じようにポクポクしていて美味(うま)いのです。目的の果肉の方は、とてもクリーミーで舌触りがよく、アイスクリームのようです。上品な甘味はありますが酸味はなく、熟しすぎたものは生クリームのような感じとなって、少し粘質さを増してきます。

このドリアンを、まだ食べたことのない学生に味わわせてみようと、残りの可食部をビニールの袋に包んで那覇から東京まで持ってきたことがありました。ところが機内に入るや、手荷物カバンの中のドリアンは無情にも袋からとび出してしまっていて、その異様なにおいに悩まされました。機内という密室の中で、異臭の発生源の持ち主というのはまことに心細いもので、平常心はたちまち失われ、焦燥(あせり)と苛立(いらだ)ちの繰り返しになってしまいました。とにかくウンチ臭いにおいがカバンから強烈に立ち上がってきたのでありましたから、他の客の鼻のことを考えると、その発生主が自分であると疑っているのではないかと思ったのです。ですからよけいにその臭気を強く気にしてしまい、快適なはずの二時間という空の旅は地獄の中の一〇時間と思えるほどの苦痛を感じたことがあります。なんとか家に着いたとたん、夕食を用意していた女房と娘から、「お父さん！　何か異様なにおいがしますが一体どうしたんです？　ウワーッ！　臭い！　沖縄でちゃんとお風呂入っていたんですか！」と強烈に叱られてしまいました。

その場は証拠の潰れかけたドリアンを見せて誤解を解いたのですが、それを冷蔵庫に入れようとしたらば、きついお咎めを受けてしまいました。

仕方なくその潰れかけたドリアンを書斎の机の下の隅の方に置いて翌日、袋を厳重に密閉して大学に持っていき、数人の学生に食べさせてみたのでした。私は「どうだ？　はじめてドリアンを口にした感想は？　美味いか？」と訊いてみたのです。苦労して持ってきただけの回答が返って来ると思っていた私に、学生の一人が小さな声でいいました。

「トイレでシュークリーム食べてる感じですね」

バターを甘くしたようなクリーミーなコク

アボカドという果物も独特の臭みをもった果物です。熱帯アメリカ原産で一〇～二〇メートルにもなる大木で、起源は大変に古く、カリフォルニアでは化石さえ発見されています。今日ではアメリカ（カリフォルニア、ハワイ）、アルゼンチン、ジャマイカ、オーストラリア、フィリピン、台湾などが主な生産国になっています。アボカドの最大の特徴は、脂肪が非常に多いことでなんと一九パーセント近いのだそうです。その脂肪を構成する脂肪酸はオレイン酸やリノール酸、リノレン酸といった不飽和脂肪酸が多く、健康的に優れた果物なのです。

この果物は樹から切り離さない限り熟成が進まないという変わった性質をもっているため、収穫後、部屋に入れて追熟をさせますが、この時、熟成とともにあの特有の臭みが出てきます。果肉の味は上品な甘味が主体で、その上、クリーミーなコクがあり、バターを甘くしたような感じです。

生食が主でサラダやサンドイッチによく、果肉に砂糖、塩、練乳などを加えてネクター状にしても美味ですし、果肉をシェリー酒やブドウ酒に浸して風味を楽しむと、トロピカルな雰囲気で酔いを楽しむことができます。

臭みはあるが上品な味

そのようなトロピカルフルーツの臭みと同じようなにおいをもつのがギンナンです。果実でなく種子ですが、ギンナンは中国が原産で、日本では極めて古くから各地で栽培されてきた樹木（イチョウ）です。外側の種漿肉に強烈な悪臭があって、その本体はカプロン酸や吉草酸です。そのままでは、とても臭くて中の可食部は食べることができませんから、そのまま土に埋めて土壌微生物により種漿内部を発酵分解させると、その部分は自然に剝落し、はじめて堅硬微臭の白果が現れますから、これを水で洗いあげて乾燥、貯蔵するのです。

硬殻を除いた中心の仁を食用としますが、タンパク質が多い上にレシチン、エルゴステリン、カロテン、ビタミンCも多く栄養豊富な種子です。貯蔵中のギンナンは乾燥を十分にしておくことが肝心で、湿り気があると味は大きく劣化します。食用時は殻に傷をつけてから焙烙で煎り、硬い殻をたたき割って中身を出し、薄い渋皮を除いて料理の材料とします。最も素朴で美味なのは塩をまぶしての串焼きで、その味は種子の王者といっても過言ではありません。寄せ鍋や茶碗蒸し、土瓶蒸し、かやく飯などにもたいそうよく調和し、またやわらかく煮ふくめただけでも結構喜ばれます。

メキシコのマーメイという果実は熱帯中央アメリカ（一説にはアフリカ）原産のオトギリソウ科の大樹の実であります。果実一個は二〇〇グラムほどですが、そのうち、種子が五〇グラム、果皮が二〇グラムですので、食べられる部分は約一三〇グラムということになります。この果実にはギンナンに似た、ウンチ臭い臭気が強くあって、メキシコではこれを生食したり、蒸食したりするほか、ジャムやシチューに入れたりもします。マーメイを料理に使っても、その臭みが残っているので、慣れるまでは少し時間がかかりますが、味は甘味が上品にのっていてコクがあり、食べ慣れてくると病みつきになります。

山羊と羊

山羊の臭気はあのにおいと同じ

哺乳類(ほにゅうるい)の肉の臭みは、「獣臭(けだものしゅう)」という形で一括され、日本の伝統的発酵食品である「くさや」や鮒鮓(ふなずし)のように、においを嗅いだ瞬間に鼻柱に皺(しわ)を寄せるといった派手で強烈な臭気ではありません。むしろ、口に入れてからじんわりと襲ってくる、陰湿な臭みといった方が当たっているでしょう。確かにそのような、しつこく、まとわりつくような肉の臭みです。

まずは山羊(やぎ)。本章の最初の方で沖縄の山羊肉の話を致しましたので、ここでは軽く触れておきます。ヨーロッパ系のほとんどの山羊は乳用種であるのに対し、アジア、アフリカ系のものは大部分が肉用種であります。その肉には特有の臭気があって、我が国では嫌う人の方が圧倒的に多いのですが、それは山羊食など稀(まれ)な日本だからの話であって、中南米、中東、西アジア、中央アジアなどの山岳民族や遊牧民族の間ではもちろん最高の食べ物なのであります。あの特有の臭気の本体は低級脂肪酸の分解物および揮発性塩基化合物（アミン類やジアミン類）といわれ、人間でいえば汗臭いにおい、または腋臭のにおいに当たります。肉のみならず生きている山羊の体そのものからも強く発せられる臭気で、メスよりもオスの方が臭みが強く、特に去勢していない山羊から発せられる臭気の強さはただごとではありません。

羊の肉は種類や性別、年齢などによってその臭みは異なります。最も臭いのは未去勢オスの高齢のもので、その臭さは陰湿で鼻もちならぬこともあります。また反対に臭みが少なく美味なものはサホーク種のような肉用羊で、その上、ラムのように若い肉ほど臭みは弱いのです。

モンゴル人はジンギスカンを食べない

日本人が羊の肉を食べるといえば、一番多い方法がジンギスカンでしょう。モンゴル人でない日本人がジンギスカンを好み、当のモンゴル人は実はジンギスカンを食べない。モンゴルでは、ほとんどが羊肉を骨付きのままぶつ切りにして、塩味すらつけずに湯の中でゆでたものをそのまま食べます。各自は手に一丁ずつ蒙古刀を持って、肉を自分で切りわけて食べるのですが、客を招いた時には頭も出します。すなわち大切な客をもてなす宴の場合、ゆでた一頭分の股肉を四枚敷き、その上に大きな背肉をのせ、さらにその上に生の頭を置く。頭の上には乳製品であるカッテージ・チーズにれます。

似たもの一塊が置かれていて、主人がそのチーズの小片をとり、指先で四方に散らす儀式をすると、頭は持ち出され、それから蒙古刀で勝手に切って食べる饗宴(きょうえん)が開始されます。

およそモンゴル人ほど羊を上手に捌(さば)く民族は稀です。その処理から料理まで、何ひとつとして無駄がなく、完璧(かんぺき)であります。まずその方法がすごいのです。羊を広い草原につれていき、いきなりあお向けに倒す。その瞬間、一人の男が羊の上にのりかかり、持っていた細身の蒙古刀で左下腹部にすばやく一〇センチメートルほど切り込む。そして、次に目にも留まらぬ素早さで手をその切り口に入れて伸ばし、横隔膜を破って心臓まですべり込ませ、心臓に直結する大動脈をひきちぎる。その瞬間、羊の血が切り口から湧くように流れ出てきますから、これを容器に集める。一頭分のすべての血はこの方法でほとんど一滴も無駄にせずに集めることができるのです。

この際羊は微動もせず、全く苦しむことなく幸せな最期を遂げるのです。すごいですねえ。血を抜きとられた羊は、すぐに皮を剝(は)がされて解体されますが、肉はもちろんのこと、内臓や肺、性器などさえ捨てるところは全くありません。血は小腸の中に詰められて腸詰となり、大腸には脂肪が詰められて「油腸子」という腸詰になり、フワフワの肺までゆでて食べ、各種内臓はさまざまな料理に生かされます。この徹底した羊の食べ方には、遊牧民族の食の真髄が非常に色濃くにじみ出ているのです。

さて、羊料理といえば日本人が反射的に思い浮かべるのがジンギスカン料理でしょう。「日本人による日本人のためのジンギスカン」といった印象の強い料理ですが、そもそもこのジンギスカン料理とは一体何なのでしょうか。いわずもがなジンギスカンとはモンゴル帝国創設者・成吉思汗（ジンギスカン）のことですが、実はこの料理、旧満州（中国東北部）に居住していた日本人が現地で行った料理だということです。そのもととなったのは、中国料理の「烤羊肉（カオヤンヨウ）」（羊肉のバーベキュー）です。中国大陸の烤羊肉は秋から冬にかけて行う料理で、庭や野原で火をおこし、その上に直径五〇センチメートルほどの簀（す）の子状の鉄製鍋をかぶせます。そこへ味付けをしない生の羊肉をのせて焼き、好みの焼き具合で何種類か用意した調味料をつけて食べます。朝鮮料理の焼き肉とは、焼く前の肉を調味料につけないところが異なり、したがって中国式の方が原始的な肉の食べ方を残していますが、この方法はすでに周代の『礼記（らいき）』に載っています。屋外で羊を殺して解体し、直火（じかび）焼きして食べるその豪快さを見て、日本人がジンギスカン料理と名づけたのでしょう。

なお、ついでに中国料理によく出てくる「烤」の字の意味ですが、これは、炭火やガス火に網をのせ、その上で材料を焼いたり、金串で刺した材料を直火であぶるものをいいます。

フランス育ちの美味しい羊

地球的にみると、羊の食べ方はモンゴルのようにゆでて食べるところよりも、串に刺して焼いて食べるところの方が圧倒的に多く、西アジアから中近東の回教国はほとんどが串焼きで食べています。また、私がフランスのノルマンディーに行った時に食べた耳黒羊（サホーク）の金串焼きは、数多い羊食の経験の中で最も印象に残っていて、それは美しいほどの味でありました。やわらかく、あっさりしていて、そしてクセのない、まことに羊らしくない羊でした。

「こんなに美味しくて上品な羊が育つのはなぜなんですか？」とシェフに訊いてみたところ、それは気候風土のせいだといっていました。すなわち、ノルマンディー地方は海に接していて、潮風をいっぱいに浴びて育った牧草を羊たちはモリモリと食べ、そしてやはりその羊たちもいっぱいの潮風に当たって育つからだ、ということでした。

そのフランスの羊料理の中で、実に珍しいものがあります。珍しいといっても、フランス料理では高級なもののひとつで、私もこれを衣揚げにしていただき、特殊なトマトソースで食べてみたことがありますが、ワインにとてもよく合ってついついおかわりするほど舌に馬力がかかったものでした。すなわち「セルヴェル」です。羊の脳味噌の料理。生後八カ月以上一年未満の仔羊、すなわちラムの脳髄（脳味噌のこと）を崩れないように取り出し、これを料理の材料にするのです。一個の重さは約三八〇グラムから四〇〇グラムくらいで、注文をうけるとこれを一個ずつポリエチレンの袋に詰めて冷凍し、料理屋に引き渡します。料理屋はこれを数十個まとめ買いして引き続き冷凍庫に保存し、料理のつど、解凍して使用します。

その料理法はまず、解凍した脳髄を水に浸して血抜きし、脳髄を包む薄い膜を水の中で注意しながらきれいに取り去ります。これでセルヴェルの下ごしらえは終り。次に鍋に水を張り、タマネギ、パセリ、セロリの葉および少量の酢と塩を加えて煮立て、そこに下ごしらえの済んだセルヴェルを入れて弱火でさっとゆでてから料理の材料に使います。食べ方で最もポピュラーなのは、フライパンの上でバターを溶かし、そこにレモンをしぼりながら多めにたらして、強火で焦がしたソースをかけて味わいます。また、小麦粉をまぶしてからバター焼きし、レモン汁をかけて、その上にパセリをちらす法、ホワイトソースをかけただけで食べる法、小麦粉をつけて焼き、それをバタートーストの上にのせてブラウンソースをかける法、衣揚げにしてからトマトソースをかける方法などさまざまです。いずれの食べ方ともフワフワとした歯ごたえと、コクがあります上に、味の気品がよく、どんなワインにもだいたい合うようです。下ごしらえした時にはまだかすかな羊臭も残っていますが、ソースを工夫することにより完全に消すことができます。

野生動物いろいろ

スカンクは臭くない？

イタチを食べた人の話を聞くと、肉はやはり臭いといいます。しかし、ネギを圧倒的に多く使ってすき焼き風にすると、肉はカチカチに硬くなるが、臭みが抜けて結構食べられたといっていました。イタチは絶体絶命の土壇場に追いやられると、肛門の側にある臭腺から恐ろしいほどの悪臭を放ち、敵がひるんだ隙に消えていなくなるのが「イタチの最後っ屁」、つまり隠遁の術です。あれでは肉が臭いのも当たり前だろうと思います。

イタチは、ネズミやモグラといった害獣の天敵として、役立つこともありますが、一方ではニワトリやウサギを襲って被害も与えます。この動物に似た政治家もこのところ非常に多くなりました。表面では人のために役立つ政治家だといっていながら、裏では怪しげな株券や金を懐に入れる政治屋の顔ももつ。ひょっとしたらあの類の政治家の体臭も、イタチの最後っ屁に似た悪臭にまみれているのかもしれません。

日本ではクサイタチと呼んだこともあるスカンクは、アメリカ大陸の代表的哺乳類です。ひどい悪臭を放つ動物で名高く、肛門腺から発して五メートルも遠くに飛ばすことのできる黄色い体液が悪臭の素で、その一滴を洋服につけたとすれば、洗ってもなかなかその悪臭がとれず、当分の間、他人に迷惑をかけることになるそうです。また、家の中で発射されたらば、しばらくの間は住める状況ではなくなるともいいます。スカンクの毛皮は非常に品質がよく、高級であるのでアメリカではそのために飼育されていますが、その際は必ず赤児のうちに肛門のところにある臭腺を切り去るということです。そうすることにより、武器となる黄色の体液は発射されることなく安心して飼うことができるのです。そのスカンクの肉はさぞかし臭いと思うのですが、実は赤身の上肉として、昔は毛皮業者から安く引きとり、ハンバーグなどの肉に使われていたという話を耳にしました。

しかし、今日では、飼育されたスカンクの肉はそのすべてがペットフード用の原料になっています。

キツネもタヌキも臭い

この世の中で、最も悪臭にまみれた肉はキツネだといわれています。昔からタヌキ汁の話を耳にしても、キツネ汁を聞かないのは、肉が異常なほど臭くて、とても喰えたものではないからだという話です。むしろ肉など問題にしなくても、毛皮で十分用が足りるというわけなのでありましょう。実際、キツネ肉を食べた人に話を聞いてみましたが、それはそれは臭い肉であったということです。その臭みは、例の動物園のキツネ檻の前に立った時の、あの鼻を突くような異様な臭気そのものだといいますが、あの臭気は多くが小便に含まれる悪臭であります。キツネは、非常に縄張り意識の強い動物なので、大半がマーキング用に使われる尿は格別に臭いのでしょう。

ところでワインの利酒用語の中に「狐臭（Foxy flavour）」というのがあります。ワインの中にキツネの尿のような感じの異臭がある現象から、この名がついたのですが、この異常臭は、使用するワインの原料に直接起因し、狐臭を生じるぶどう果汁と全く出ない果汁とがあります。なかでもアメリカ原産のヴィスティス・ラブルスカ種のぶどうでは、この臭みの出ることが非常に多く、しばしば話題となることがあります。この狐臭の主成分はメチルアンスラニレートという化合物であることがわかっていますが、この化合物単独ではキツネの尿臭という感覚は弱く、この成分にフェチネルアルコールとプチロラクトンとが混じることにより、強い狐臭が発生するということです。熟成によって、この異臭が弱くなったり消失したりするのも、ワインの熟成の不思議さであります。

キツネの次はタヌキの話。この動物の肉は私も食べたことがありますが、カラスの肉のような異様さのなかに泥臭さと尿臭があってかなり臭い。キツネのように肉そのものから強烈な悪臭が起つというわけではないのに、料理して口に入れるとその臭みがしつこく鼻につくのです。

しかし昔は野生の動物は貴重なタンパク源であったので、いろいろな料理法で悪臭を消し、結構賞味していたようです。

その代表が有名なタヌキ汁。江戸時代の『料理物語』にはその本式の秘伝として「身をつくり候て、松の葉、大蒜、柚を入れ古酒にて熬り上げ、その後水にて洗ひ上げ、酒塩かけ候て汁に入れてよし」とあり、さらに同じころの『屠龍工随筆』には「肉を入れぬ先、鍋に脂をわけて炒りて後、牛蒡、大根など入れて煮たるがよしと人のいへり、されば蒟蒻などを油で炒めて牛蒡、大根を混へて煮るを名づけて狸汁といふなり」とあります。また、タヌキ汁の最も古い記載は室町時代の『大草流家元料理書』にあり、「焼皮料理ともいふ。但しワタを抜き、酒の粕をすこし洗ひて腹の中に入れて則ち縫ひふさぎ、泥土をゆるゆるとして、よくよく毛のうへを泥にて塗り隠し、ぬる火にて焼き候なり。焼やうのこと、下に糠を敷き、上にもかけて蒸焼にして土を落し候へば、毛とともに皆土にうつり候を、そのまま四足をおろし、なまぬるい湯によき酒、塩はいかにも影塩としてさし候なり」とあります。昔の人は、本当にさまざまな知恵や工夫を凝らして、臭みを抜き、美味に食べようとする努力をしたものなのですねえ。まったく感心してしまいます。

なお、中国の料理に「果子狸（グオズリイ）」という面白いものがありますが、この「狸（リイ）」とはタヌキのことではなく、山猫（ハクビシン）のことで、それを野菜とともに炒（いた）めたような料理です。果物しか食べさせないで育てた特殊な山猫の料理なので、その肉は脂がのっていてクセがなく、豚肉に近い質をもっているといわれています。

熊肉から滲み出る上品なコク

熊は、皮と熊胆（くまのい）を標的にされて昔から狙われてきた不幸な動物です。皮は鞣（なめ）して用いることにより、優れた防寒具として重宝され、胆（きも）は胆嚢（たんのう）のことで、極めて苦く、小児の万能薬、健胃、解熱、さまざまな炎症に著効があるとされました。毛皮や胆をとった後の残りの肉も、当時食用にされました。

その熊の肉は硬く、脂肪部に特有の獣臭（けだものしゅう）があって、とりわけ美味いものとはいえない、というのが大方の評価ですが、これは大きな間違いです。私は滋賀県伊香郡余呉町（現長浜市）の民宿で熊鍋を何度か賞味したことがありますが、まことにもって美味でした。肉はほとんど臭みはなく、その肉を薄く切って大きな平皿いっぱいに敷き並べ、それを特製の味噌ダレの入った土鍋に少しずつ入れ、ネギ、シイタケ、ハクサイ、イトコン、豆腐などとともに煮て食べます。とりわけ真っ白な脂肪から出てくるコク味はまことにもって上品で、感動すら致す鍋でありました。熊の肉は昔から吸い物、田楽、味噌漬け、鍋物などにして食べられ、古くは平安時代の『延喜式』に、熊肉を薬材の一種としているのがみえ、また江戸時代の『日本山海名産図会』には、「津軽にては脚の肉を食ふて貴人の膳にも是を加ふ」と記されています。また『庭訓往来』には、塩肴の名を列挙したところに「熊掌」というのがあり、塩漬けにした熊の掌を酒の肴にしていたのがわかります。

熊の掌といえば、有名なのが中国の「熊掌」料理です。正確には前脚の肉を使った名物料理で、中華八珍料理の一つに挙げられています。ことに左の掌が美味だとして珍重されるのは、熊という動物は元来左利きだから蜂の巣の蜜をなめる時、必ず左手を使うので、その手にうま味が浸み込んでいるためだという珍説からきたといわれています。その理屈ならば、いっそのこと、熊の舌の方がさまざまな味が浸み込んでいて美味かもしれませんねえ。

その熊の掌が、中国料理の材料としてこのところ輸入されていると聞きました。輸入品名はそのものズバリの「熊掌」。乾燥されて入ってくるそうですが、非常に高価で、左の掌ばかりでなく、常に左右同数で入ってきます。熊掌料理の代表は「大燉熊掌」。大きな土鍋を使って、弱火でトロトロとゆっくり煮るスープですが、熊の掌の主体はゼラチンでありますから、ちょうどスッポン鍋の具合で料理すれば間違いないわけです。すなわち熊の掌がなぜ美味いのかの秘密は、ゼラチン質のコク味につきるのであります。

材料の熊掌は、たいがいは乾燥品になっていますから、これをスープにする時には下ごしらえをしなくてはなりません。その方法には二通りあり、その一方はまず、少量の石灰を加えて一時間ほど湯の中で煮て毛を抜き、水洗いし、皮や傷んでいる部分があれば除き、さらに一時間ほど煮てから水に浸けて生臭みを去る方法。他方は、湯で一時間ほど煮てからやはり、毛抜きで毛を抜き、タコのような硬い部分があれば取り除き、ショウガとネギを炒めて、それに少しの酒を加えたものに湯を加えた汁を火にかけ、沸いたところにその熊掌を入れて一時間ほど煮、臭気を取り除いたものを本格的な調理の材料にするというものです。

イルカは酒の肴に絶品

先日、沖縄県名護市の近郊のドライブインで久しぶりにイルカ料理を食べました。イルカの肉を野菜炒めにしたもので、特有の臭みがありましたが、味付けがあっさりしていたのでたいそう美味でした。イルカ肉の臭みは確かにクジラより強烈ですが、「イルカのタレ」といって、肉を醬油漬けにしてから干したものなどは、さっと焼くだけでにおいも弱くなり、酒の肴に絶品です。『日本書紀』には応神天皇が太子のころ、越前に行ってイルカを獲った因縁より、気比神宮に御食津神をまつったとあります。イルカ料理では、特有の臭みを抜くために酒でよく煮、さらに味醂を加えて煮込み、刻みゴボウを配し、溜醤油で調味するのが本流で、ほかにショウガ醤油と味醂の付け焼きや照り煮、やはりショウガを介しての佃煮もよろしいようです。地方によってイルカ鍋の仕方は異なりますが、私が九州で食べたものは白味噌仕立ての上品なものでしたし、静岡県で食べたものはすき焼き風の、味の濃厚なものでありましたし、福島県の小名浜で食べたものはゴボウとの味噌煮でした。いずれもイルカ特有の臭気は残るものの、その熱々のものを飯のおかずにしたり酒の肴にしましたところ、舌のよろこびはまた格別でありました。

アザラシの肉は私も経験したことがありますが、やや大味で、特有の生臭さをもっていました。クジラよりも臭みの強いイルカより、さらに三倍ぐらいアザラシは臭みが強いと感じました。なかでも生のレバーを食べたときには、その生臭さはものすごく、さすがの私もウッときました。しかし、生臭さの強さにおいては、セイウチにかなう海獣はないといわれていますから、よほどのものなのでしょう。

激烈臭発酵食品

極寒の国の激烈食品

カナディアン・イヌイットの極めて珍しい発酵食品に「キビヤック」というのがあります。イヌイットの生活するところは冬は極寒の世界で、短い夏でも気温があまり上がりませんから微生物は生息しにくく、発酵食品はもたない民族といわれてきました。確かに酒は歴史上もたない民族としても知られてきたのですが、その極限の民族に驚くべき知恵をもった発酵食品の存在が明らかにされたのは比較的最近になってからのことであります。度肝を抜かれるほどすごいその発酵食品とは、巨大なアザラシの腹の中に何十羽という海鳥を詰め込み、そのアザラシを土の中に埋めて発酵させるという、この地球上最大のダイナミックな漬け物なのです。

その、腹の中にいっぱい海鳥を詰めたアザラシの一頭漬けは次のようにしてつくります。まず、海燕（うみつばめ）の一種アパリアスを銃で撃ったり霞網（かすみあみ）で捕らえますが、鳥が多いので結構な数が得られます。このアパリアスという海燕は、日本に飛来してくる燕を二（ふた）

廻りほど大きくした感じの野鳥で、そのままで食べるとかなりにおいが強いものです。アザラシを捕らえますと、イヌイットたちはまず肉や内臓を抜きとり（もちろん、全て食糧とする）、皮下脂肪も削ぎ取り（脂肪は燃料に使ったり食用にする）、その空洞となったアザラシの腹の中にアパリアスを詰めるのです。アパリアスは下ごしらえなどせず、羽根もむしらずにそのまま入れるのですが、大体七〇～八〇羽詰め込んだら、アザラシの腹を太めの魚釣糸で縫い合わせます。

　このアザラシを地面に掘った大きな穴に入れ、その上に土を被せ、さらにその上に幾つもの重石を丁寧にのせておきます。この重石は、よく漬かるようにというためのものよりも、ホッキョクギツネやオオカミ、白熊などに掘り起こされて食べられないようにするためです。カナディアン・イヌイットの住むバレン・グラウンズ辺りは、夏は五月末から始まり八月末から九月には短い秋、そしてすぐに冬という気候ですから、実質には夏は三カ月ほどしかありません。夏といってもそう暑くないのですが、その夏の最初に地面に穴を掘り、キビヤックを仕込むのです。それを二年間放置しておくと、夏だけ発酵する（その他の期間は低温のため発酵は休止する）ので発酵の期間は大体六ヵ月間ということになります。三年発酵させることもあります。

　取りだしたアザラシは、グジャグジャの状態で、土と重石で潰されたかのようになっていますが、海燕の方は、アザラシの厚い皮に守られながら、自らは羽根に被われていますからほとんどそのままの形で出てきます。さて、このスーパー漬け物、イヌイットの人たちはアザラシの方を食べるのでしょうか、それとも海燕の方でしょうか？　実は海燕の方なのです。アパリアスはアザラシの厚い皮の中で乳酸菌、酪酸菌、酵母などの発酵菌によって発酵を受け、ちょうど日本の「くさや」のにおいをさらにさらに強くしたような、強烈な特異臭を発するように仕上がります。

さて、その食べ方ですが、まずドロドロと溶けた状態のアザラシの厚い皮に被われたアパリアスを取り出し、尾羽根のところを引っぱると尾羽根はスポッと簡単に抜けます。次にその抜けた穴のところからすぐ近くにある肛門に口をつけ、チュウチュウと発酵した体液を吸い出して味わうのであります。体液はアパリアスの肉やアザラシの脂肪が溶けて発酵したものなので、実に複雑な濃い味が混在しており、極めて美味であります。ちょうど、とびっきり美味なくさやにチーズを加え、そこにマグロの酒盗（塩辛）を混ぜ合わせたような味わいだと思いました。

臭みは強烈で、（くさやのにおい）＋（鮒鮓のにおい）＋（臭いチーズの代表であるゴルゴンゾラのにおい）＋（中国の臭菜のにおい）＋（樹から落下したギンナンのにおい）＝（キビヤックのにおい）という公式が成立するほどのものでありました。私のようにあの手のにおいをもつ食べ物が大好きな者にとっては、まさに宝物のような素晴らしさでありました。はじめはものすごい臭みで、やや躊躇する感じがありましたが、二、三羽たいらげているうちにその香味の真髄といったものがわかりだし、あとは尾をひいてやめられなくなりました。

ビタミン補給の知恵だった

ところがそういう食べ方ばかりではなくて、イヌイットの人たちは、このキビヤックを健康保持のためにも使っているのです。といいますのは、セイウチやアザラシ、イッカク、クジラ、カリブー（トナカイ）などの肉を生で食べる場合には、このキビヤックは肉に付けないのですが、焼いたり煮たりする時には付けて食べるのです。つまり、調味料的なものでもありますが、しかし、よく考えてみると、なぜ火を通したものだけにキビヤックを付けるのでしょうか？　実はそこには驚くべき知恵が隠されていたのです。

北極圏というところは気候風土が厳しいために新鮮な野菜や果物といったものが出来ません。そのため、それら植物からビタミンを十分に補給できない生活環境にあり、そこで、彼らはずっと長い間、カリブー、白熊、クジラ、アザラシ、鮭や鱒などの生の肉を食べることによってビタミン類を摂取してきました。

ところが、アメリカ人やカナダ人たちが毛皮を求めてイヌイットと交流してからは、肉を焼いたり煮たりして食べることもしばしば行うようになり、実はそのように肉を加熱した時には、このキビヤックを付けて食べるのです。そうすることにより、加熱によって失われたビタミン群がキビヤックから補給できる（微生物は発酵中にさまざまなビタミンを大量につくり出して、発酵食品に蓄積してくれる）というわけです。

とにかく、北極圏という、新鮮な野菜や果物からビタミンを補給できない地で、漬け込んだ発酵アザラシと発酵海鳥からビタミンを摂取するという、この素晴らしい生活の知恵には驚かされるばかりであります。このキビヤックの存在は、これまでいわれてきた「北極圏には発酵食品はない」という説を否定するばかりでなく、地球の果てまで、発酵微生物は人間の周辺に棲息していて役立っていることを示しているのです。このような「知恵の発酵」というのは、この地球上にまだまだ数々あって、それぞれの民族の生活を豊かにしているのであります。

ところで、魚の発酵食品に共通しているのは、鰹節のような乾燥発酵食品以外はみな、強烈なにおいを有しているという点にあります。くさやや熟鮓、魚醤はその好例ですが、これから述べる「シュール・ストレンミング」もその例にもれない魚の発酵缶詰であります。スウェーデンでつくられる名物発酵食品で、私も何度か現地で見たり食べたりしましたが、それは、猛烈どころか激烈な臭みをもった魚の発酵食品なのです。

地獄の缶詰

このシュール・ストレンミングの原料はニシンで、これを開いて少量の塩をし、一度桶（おけ）のような大きな容器の中で発酵させ、発酵が旺盛（おうせい）となったところで缶詰（北欧の魚の缶詰は大きく、大体日本のものに比べて三倍ぐらいあります）にしてしまうのです。ところが、缶詰というのは、その直後に加熱殺菌しますから中の腐敗菌が死滅し、開缶しない限り半恒久的に保存が利くのですが、このシュール・ストレンミングは加熱殺菌をしないで、そのまま発酵室に運ばれ、そこで再び発酵させるのです。

発酵菌は主として乳酸菌で、缶の中には空気が豊富に存在していませんので、そこでは嫌気発酵という特殊な発酵が起こり、発酵菌は異常代謝を起こすことになり、強烈な臭みが生じてくるのです。臭みの本体はプロピオン酸や酪酸といった、あの手の臭みの中心となる揮発性有機酸とアミン類、メルカプタン類で、そのほかにアンモニアや硫化水素なども含まれていますから、ものすごく臭いわけです。ちょうど大根の糠漬けとくさやと鮒鮓とチーズと道端に落下している潰れた生ギンナンが相俟（あいま）ったような強烈なものに、腐ったニンニクが重層したようなものすごい感じの臭気であります。

この異常な発酵を物語るように、発酵によって生じた炭酸ガス（CO_2）の圧力は、容器の金属缶を内部から盛り上げ、缶は変形してパンパカパンに膨満しています。まさに一触即発とはいかないまでも、少しの衝撃で「ドカーン」と爆発してしまいそうなほどです。

確かに、スウェーデン国内では、この缶詰の製造中や輸送中にかなりの数の缶詰が爆発を起こしているといいます。注意はしているのだそうですが、なにぶんにも発酵菌のやることなので大変だということでありました。破裂した分の缶詰の値段は、破裂しないで残った缶詰の代金にかかってくるので、魚の缶詰としては少し割高になる、などとも聞きましたが、本当かどうかはわかりません。しかし、このシュール・ストレンミングの缶詰、通常の日本の魚の缶詰に比べて三倍ほど大きいので、本当に爆発したら、それこそすごいことになるだろうと思うと、まさに「地獄の缶詰」といったところであります。

缶切りを差し込んだら噴出

さて、この缶詰を開くには無防備に行ってはいけないことになっています。というのは、この缶詰を開缶するためには、守らなければならない四つの注意書きが缶詰に書いてあって、その第一は、「決して家の中では開缶してはならない」ということ。あまりにも臭いので、家の中で開けるとそこいらじゅうひどい臭気にまみれるので外で行うよう注意しているのです。

第二の注意は、「開缶する時には必ず不用のものを身にまとって行うこと」。つまり、シュール・ストレンミングが、炭酸ガスとともに勢いよく噴き出してきて、着ている服などに飛び跳ねたりしたならば、臭いにおいがこびりついてなかなか落ちずに大変なことになるから、ビニール袋のようなものや捨ててもよいような雨合羽を身につけよ、というわけです。

第三の注意は、「開缶する前に、缶詰を必ず冷凍室に入れて、よくガス圧を下げてから行うこと」というものです。冷凍室というあたりがすごい。

そして第四は、「風下に人がいないかどうかを確かめてから開缶すること」。これはスウェーデン人特有の、ユーモア溢れた注意なのでしょう。

さて、その缶詰を実際に開けてみたならばどうなるのか。私はこの四つの注意事項をある程度守って開缶したことがあります。パンパンに膨満した缶詰に缶切りを差し込んだとたん、中から強烈な臭気を含んだガスが「ジュ〜ァッ！」という音を立てて噴出しはじめ、その周囲はとたんに強烈で異様な臭気に包まれました。

とにかくガスが収まるのを待って蓋を開け、発酵してベトベトに溶けた状態の魚を取り出してみますと、色はやや赤みを帯びた灰白色で、臭みはタマネギの腐敗したようなものに、魚の腐敗したようなにおいが混じり、そこにくさやの漬け汁のようなにおいも入り込み、さらに大根の糠漬けのにおいが重なった感じのものでした。味は酸味と塩味に濃厚な魚のうま味が乗り合ったような複雑なもので、口にふくむと魚肉片の内部に溶け込んでいた炭酸ガスがジワリと出てきて舌の先をピリピリと感じさせます。一口でいってしまえば、臭みの強烈な塩辛に炭酸水を混ぜ込んだような感じのものでした。

発酵で価値ある保存食に

スウェーデンでは、このシュール・ストレンミングをパンにはさんだり野菜で包んで食べますが、では、スウェーデンの人たちはみんながこのすごい発酵食品を大好物にしているかというと、必ずしもそうではありません。きっと、日本のくさやや鮒鮓を日本人でも敬遠する人がいるのと同じことなのでしょう。スウェーデンやフィンランド、デンマークに行くと、ニシンの漬け物は食事に必ず出てきて、そのほとんどは酢漬けなのですが、スウェーデンでは特別に注文すると、このシュール・ストレンミングを出してくれます。

この発酵食品を栄養面からみますと、栄養バランスはよく、特にタンパク質に富んでいるだけでなく、脂肪は発酵中に発酵菌によって分解されてほとんどなくなっています。また他のニシンの酢漬けなどに比べビタミン類が圧倒的に多いのが特徴で、またミネラルのカルシウムも多く、さらに消化吸収が非常によい食べ物であります。魚をただ燻製などとして保存するだけでなく、このようにドロドロの液状で発酵させて、滋養成分を高め、価値ある保存食品をつくる知恵には感心させられました。

とにかく、発酵させて臭くした食べ物が大好きな私は、これまで世界中でそのような発酵食品を数多く食べてきましたが、このシュール・ストレンミングは最も強烈なにおいの食べ物でありました。このような発酵食品は共通して老化制御機能とかさまざまな保健機能をもっていることがこのところ次々にわかってきていますので、きっとこの強烈な魚の発酵缶詰にも、そのような素晴らしさが詰まっているにちがいないと思っています。

臭い魚

激烈アンモニア臭

韓国の全羅南道木浦市で昔から食べられてきた「ホンオ・フェ」という魚の発酵食品は、激烈なアンモニア臭をもつので有名な食べ物であります。「ホンオ」とは魚の一種エイ（鱏）のこと、「フェ」は生肉の意味。したがってホンオ・フェとは「エイの刺身」という意味であります。そのつくり方は、大きなエイを皮付き状のまま厚手の手漉き紙に包み、大きな甕に積み込んでいきます。甕に全部入ったら、上部より重石で圧して空気を抜き、甕に蓋をしてそのまま冷暗所で保管して発酵と熟成を行います。その間、アンモニア臭が発生し、十日ほどすると出来上がりとなります。

この発酵は、エイそのもののもつ自己消化酵素の作用で自らの体を分解し、アンモニアを発生するものと、嫌気性細菌がエイの体表にある尿素やトリメチルアミンオキサイドなどを分解しアンモニアが発生することによるのです。

その食べ方は、五ミリメートルぐらいの厚さに軟骨ごとスライスし、コチュジャン

（唐辛子味噌）と醤油、ニンニク、ネギでつくったタレに付け、それをゆでた豚肉の三枚肉とともにサラダ菜に包んで食べるのが一般的です。木浦にはこの発酵食品を出す料理店が幾つかあって、その代表的メニューは「フクサンド・ホン・タク」というものです。「フクサンド」とは木浦市の西四〇キロメートルにある小さな島「黒山島（フクサンド）」のことで、エイの産地、「ホン」はホンオの頭文字、「タク」は自家製の酒、すなわちマカリ（濁酒（どぶろく））のことです。したがって「本場フクサンド産のホンオと地酒のセット」ということになります。

とにかく、この食べ物は非常に高価で、当時、一キログラム当たり一五万～二〇万ウォン（日本円で約一万五〇〇〇～二万円）もします。面白いことに、この食べ物は木浦市周辺では、冠婚葬祭に不可欠のもので、同地域では、これを出す数量で、その宴（うたげ）の格式や位が決まるといわれています。

さて、いよいよそのホンオ・フェの味とにおいですが、私はこれを初めて口にした時に、あまりの激烈なアンモニア臭に圧倒され、失神寸前に陥りました。とにかくその辺りのアンモニア臭など問題ではなく、食べようと口の近くまでもっていっただけでも、目からポロポロ涙が出てくるありさまです。アンモニアは目の網膜（粘膜性）を侵すので、すぐに涙が出ますが、ホンオ・フェのアンモニアは強烈なので溢れんばかりに涙が出るのです。とにかく、ウッときてクラックラッと幾度もしました。

味はといえば、あまり美味とはいえませんが、発酵されたそれは実に個性的な魚の味で、噛（か）んでいると口の中が少し温かくなってきたのには驚きました。噛んでいる間、鼻からムンムンとアンモニアのにおいが出てきて、目から涙が止まりません。

木浦に行く前に、韓国の食べ物に詳しい友人の高弘吉さんが、このホンオ・フェの食味（食べた時の味）が書いてあるという文献のコピーを送ってくれたのですが、そこには「口に入れて噛んだとたん、アンモニア臭は鼻の奥を秒速で通り抜け、脳天に達す。この時、深呼吸をすれば百人中九十八人は気絶寸前、二人は死亡寸前となる」と書いてありました。たしかに猛烈なアンモニア臭で、私も気絶寸前にまで陥りました。

魚介類から作られる調味料

魚の発酵食品といえば、熟鮓（なれずし）や塩辛と並んで有名なのが魚醤であります。大昔から大切な保存食として、また重宝な調味料として多くの民族から愛されてきた臭い発酵食品です。

中国には「魚醤（ユージャン）」（小魚の醤油のこと）や「蝦醤（シアジャン）」（小エビの醤油）があり、韓国には「ジョッカル」、ベトナムの「ニョクマム」や「マム・ホック」、カンボジアの「マム」や「プラ・ホック」、「カピ」、ラオスの「ナム・パー」、タイの「ナム・プラー」

や「プーケム」、ミャンマーの「ガピ・ガゥン」、バングラデシュの「ナピ」、マレーシアの「ブラチャン」、インドネシアの「トラシ」や「ケチャップ・イカン」、フィリピンの「バゴオン」や「パティス」、そして日本には秋田県の「塩魚汁（しょっつる）」や、石川県や富山県の「魚汁（いしる）」、香川県や岡山県の「玉筋魚（いかなご）醤油」などがあります。とにかく魚醤は、東アジアから東南アジア一帯に分布している食生活上重要な副食調味料なのです。

もちろん、アジアに限らずヨーロッパやアフリカ、南米の一部にも魚醤に似たものがあり、ヨーロッパでは「アンチョビーソース」（原料はカタクチイワシ）が有名ですが、臭みの点からいえばアジアのものが圧倒的に強烈です。

この魚醤の類（たぐい）を書いた最も古い文献によりますと、最古のものは古代ローマにおける「クリアメン」、あるいは「ガルム」と呼ばれる魚醤がそれだといわれています。アピキウスの料理書によりますと、その魚醤の原料は小エビや小魚で、それらに塩を加えたものを素焼きの甕の容器に仕込み、二～三カ月間発酵させてから容器の底にある小穴から液体を取り出して料理に使った、と記述されていて、「アンチョビーソース」は、この古代ローマの「ガルム」の名残であるとされています。

一方、アジアにおける魚醤の歴史を辿（たど）りますと中国に行きつきます。中国では大昔、鳥獣肉や魚介でつくった塩辛の類や大豆を原料にしてつくった調味料を総称して「醤（ジャン）」といっていて、それが現代にも伝わってきて、大豆や麦または魚介などを塩とともに仕込んで発酵させたものが、「醤」となり、これを搾って液体としたのが「醤（ジャン）油（ヨウ）（油（ヨウ）といっても油（あぶら）のことではなく、「トロリとした液体」という意味）で、これは日本の醤油に当たります。ですから小エビでの醤は「蝦醤」、魚での醤は「魚醤」というわけです。

日本の魚醤の代表は秋田県の「塩魚汁」であります。主として鰰（はたはた）の鮮魚を原料とし、これに飯、麹、塩を加え、さらにニンジン、コンブ、ユズなどの風味物も混ぜ込んで樽に漬け込み、蓋をして重石で密閉します。普通もので二年、上等ものでは四～五年間発酵・熟成させますが、この間、麹の酵素が作用して原料の魚からうま味成分を出したり、発酵微生物（主として耐塩性の乳酸菌と酵母）が作用して特有の味や香りをつくりだします。したがって、漬け込みの際には魚の生臭みが強くあったものが、幾年かを経て出来上がってみると、それが全く消失し、香味にバランスがとれた、円熟した発酵調味料となるのです。

日本における魚醤の利用は、たいがい鍋料理などへの調味で、秋田名物のしょっつる鍋や貝焼きなどには「塩魚汁」は不可欠でありますし、魚醤をもつ地域には、それに合った鍋料理が必ずといってよいほどあります。また、最近では、日本の伝統的な漬け物の隠し味として、漬け込みの時に加えられることが多くなってきました。とくに白菜漬けや和製キムチには多く使われ、また魚卵や切りコンブなどを混ぜ合わせた宝漬けや松前漬けのようなものにも使われています。

このところエスニック料理が人気の一つになっていますが、ここでも魚醤は特有の味をつける調味料として重要な役割を果たしています。最近人気のモツ鍋も、魚醤のうま味があってこそ人気が高まったといわれており、実はこの時、日本の魚醤はすべて底をついてしまい、海外からの輸入品でまかなったというエピソードも残っています。

魚醤はアジアの食文化を支えている

さて、魚醤が最も多く消費される国は中国ですが、一人当たりの消費量ではベトナムとタイ、ラオスという東南アジア一帯が一番です。一体なぜなのかと考えてみると、巨大な河の存在が浮かび上がってきます。その名はメコン。北はチベットに源を発し、中国、ミャンマー、ラオス、タイ、カンボジアを経由して、ベトナム南部で南シナ海に注ぐ、全長四三五〇キロメートル、流域面積実に七九万五〇〇〇平方キロメートルの大河です。この大河を支える支流の数は数万河川といわれ、エネルギー生産量の極めて大きい地球規模の河であります。

そんな巨大な河ですから、その豊かな恵みは米、野菜、家畜から魚にまでおよんでいて、幾十億という人たちに食糧を供給してきました。だから漁獲量もすごく、なんとメコン河一平方キロメートル当たり年間一〇トンもの魚が獲れるということで、この漁獲高はナイルやアマゾンといった大河よりはるかに大きく、本流はもちろんのこと、数万ともいわれる支流でも、湧き出すぐらいに淡水魚が獲れます。

ですから、食べるだけ食べて、あとは塩に漬け込んだり魚醤に加工したりしているわけであります。

ラオスの首都ビエンチャンに調査研究のためにしばらく滞在したことがありますが、市内を流れるメコン河からは大量の魚が獲れるので、市場は淡水魚と魚醤屋の数が圧倒的に目立ちます。もちろん、各家庭では、皆それぞれに大きい甕に何種類もの魚醤を仕込んで発酵させていますから、それらも合わせるとものすごい量の魚醤が消費されていることになります。

お隣の国の韓国でも、魚醤や塩辛は食卓の重要な発酵調味料として欠かすことのできないものとなっています。とくにキムチの漬け込みの時期ともなるとそれはもう大変な消費量で、有名な生産地の全羅南道の木浦市や慶尚南道釜山市の魚醤屋さんたちは徹夜の作業が続くそうです。私も先日、魚醤の調査でその地に行ってきましたが、漁港近くの魚醤屋さんは路上にドラム缶を多数並べて、魚醤の発酵を行っていました。

こういう光景を見ていると、日本人の魚醤の消費量などはまだまだ微々たるものであって、いかにこれらの国が魚醤の食文化を色濃くもっているかがよくわかるのであります。

北海道の酒の肴「メフン」

魚醤に似た発酵食品といえば、もう一つ忘れられないのが私の大好物の「メフン」です。北海道の名産で、鮭の背骨の内側に付いている腎臓（じんぞう）の塩辛ですが、すでに江戸中期の『本朝食鑑』に、次のような記述があります。「背腸、セワタと訓す、ミナワタとも訓す。丹後、信濃、越中、越後ともにこれを貢す。シオカラにして味もまた佳なり」。北海道よりも、むしろ本州の日本海沿岸で多くつくられていたようです。海に面してない信濃でもつくられたのは、鮭の他に川を遡上（そじょう）した鱒（ます）のような魚でもつくられていたからです。

「メフン」の語源はよくわかっておらず、一説ではアイヌ語ではないかとされています。「背腸（せわた）」または「血腸（ちわた）」という呼び方もありましたが、それは本州の呼び方です。黒褐色でドロドロとしており、何となく見た目はよくありませんが、酒の肴にするとそのあまりの美味しさに感動すら致すものであります。使われる魚は白鮭、紅鮭、鱒などで、白鮭の産卵期のものが極上品とされます。その造り方は、大要次のようです。原料魚を腹開きに調理した時、出てくる中骨に黒褐色に凝固した血液のようなものが紐状（ひもじょう）に付着していて、これが腎臓（メフン）です。そこを上手に外しとり、低温度の希薄塩水で手早く洗い、汚れなどを除いてから十分に水切りし、このメフンの重量に対し三〇パーセントほどの食塩を加えて塩漬けにします。浸出してきた液が流出しやすいようにして、三〇時間ほど置きますとメフンは固まってきますので、それを静かに取り出して再び冷たい希薄塩水で洗って余分の残塩を除き、含有塩分量を一二パーセントぐらいまで落とします。

次に、このメフンをスダレの上に薄く並べて陰干しし、メフンの表面が固まって光沢が出た時に、蓋の付いた桶に入れて密封し、貯蔵します。この間に静かに発酵が起こってくるので、初期には日に一、二回攪拌（かくはん）して発酵の均一化をはかり、二週間ほどして食べられるようになります。血のかたまりを主体としたものだけに、鉄が錆（さ）びたようなややクセのあるにおいをもちますが、日本酒の肴として、これほど似合うものは珍しいほどです。

さらに臭い魚

世界の発酵魚

数年前の夏、中国の内モンゴル自治区にあるロシアとの国境の町、満洲里(マンチョウリー)に行ってきました。九月初旬だというのに朝の気温は零度に近く、朝起きてすぐに飲む牛乳の入った熱いお茶は空っぽの胃袋にぐっと迫り、体全体をすぐに温めてくれました。

先にも少し触れましたが、この満洲里の南方に、日本の琵琶湖ぐらいある大きなダライ湖（現地の人はホルメルメ湖といっていた）という美しい湖があり、淡水魚が豊富に回遊していました。そこで面白い発酵食品を見てきたのです。

ダライ湖で大量に獲(と)ってきた淡水魚（主に鮒(ふな)や鯉の仲間）を家の近くまで運んできて、土に大きな穴を掘る。その土の穴の中に岩塩とともに魚を入れ、さらに湖周辺の草原で刈り採ってきた草も入れ、その上に土を被(かぶ)せ三カ月ほど発酵させるのです。穴の中では、主として乳酸菌が活躍して魚が発酵し、水素イオン指数（pH）が低下するために腐敗せず、保存がきくのであります。鯖(さば)やサンマの熟鮓(なれずし)や乳のチーズが発酵されて保存食品になるのと同じですなあ。草は何のために入れるのか調べてみましたところ、草の表面には非常に多くの乳酸菌が棲息しているので、これはきっと乳酸菌のスターターの役割であったのかもしれません。

この発酵した魚は冬の貴重なタンパク源となるわけですが、それにしても、魚の固体発酵法による保存食品の製造とは恐れ入りました。自然を上手に使い、そして発酵微生物を巧みに応用した理に適った知恵であります。

また、この地方は厳しい冬の寒さのために、野菜や果物などがあまりできず、ビタミンの摂取がそう簡単にはいかない。ところが、この発酵法を使うと、発酵菌がビタミン類を大量に生成して魚に残していってくれますので、この魚や草を食べることによってそのような成分を摂取することができるのです。

まったく知恵の深い食べ物ですなあ。

このような魚の珍しい固体発酵法による保存食品の製造法は、他の地でも見ることができます。

まず、西アフリカのセネガルやモーリタニアの海の近くに住む部族は「グウェーデ」という珍しい発酵乾魚をつくっています。主原料はウツボ科の魚やタイ科、ボラ科の魚で、ウロコ、内臓、頭部を取り除いて切り身にし、これを桶に入れて、海水を少し加えて二～三日間発酵させ、次にこの発酵した魚を天日に当てて十日間ほど乾燥させて、でき上がりです。

強力な味とにおいをもった魚で、ちょうど日本のくさやのようなものだと思ってよろしく、保存食品として、煮物などに使います。

また、インドのアッサム地方には淡水魚の保存発酵食品があり、これも強烈な味とにおいのする食べ物であります。ベンガル語で「シダル」といい、次のような珍しいつくり方をするのです。

まず、鮮魚の内臓を取ってよく水洗いした後、半生ぐらいに天日で干す。次にその魚を足で踏み潰して平らにし、その潰した魚を竹筒またはヒョウタンの容器に入れて、その容器の口を草木を燃やした灰で覆います。この容器を炉の上の棚など暖かい場所に置き、発酵させるのです。一ヵ月ほどすると発酵が終り、食用可能となりますが、そのまま一年間は保存することができます。

この発酵魚の食べ方は、カレー料理に少量入れて、風味づけに用いたり、バナナの葉で包み、熱い灰の中に入れて焼き、これに塩と唐辛子をふって食べる方法、さらに唐辛子とともに煮て、一種のソースをつくることもあります。

ブータンには「ニャ・ソーデ」という発酵魚があり、「ニャ」とは「魚」、「ソーデ」は「発酵したもの」という意味で、ブータン南部のブラマプトラ水系の淡水魚(主としては鯉類)が原料であります。魚をゆでて、尾あるいは頭部をつかんでふって肉身だけを落として骨と分け、その魚肉を直径一五センチメートル、長さ四〇センチメートルの竹筒に入れ、木の皮をまるめて栓にし、その上からバナナの葉を被せて外蓋とします。これを数カ月間発酵させてかなり臭くなったものを食用にするのですが、その食べ方は団子状に丸めて酒の肴にしたり、煮物料理の中に入れて風味づけにします。

スリランカの「ジャーディ」は、セアーという名の大型の魚でつくる発酵食品で、魚を切り身にし、それに塩、タマリンド（さわやかな酸味を伴うマメ科の果実。樹高二〇メートルもあり、杏子の乾燥果に似た甘酸味がある）と少量のサフランを加え、三週間ほど温室で発酵させたものです。そのにおいは大変に強烈で、貯蔵中に虫が湧くこともありますが、食用には別段差し支えないといって、その虫ごと焼いたり、煮たり揚げたりしてカレーの具などにしています。

北シベリア地方の「キスラヤル・ルイド」（ロシア語で「酸っぱい魚」の意味）という食べ物は、土に穴を掘り、その中に魚を入れて保存するというものです。この間、魚は発酵して独特の強烈なにおいを発し、酸味が強くなりますが、これはちょうど前述したダライ湖での魚の発酵の保存法に似ています。そのつくり方は次のようです。

地面に掘る穴の大きさは縦・横・深さがそれぞれ一メートルほどで、穴の底や壁面には樹皮が張りつめられ、穴の上には何本もの棒を渡して蓋がわりにし、その上に厚く草を被せます。その蓋の中央部には魚一匹が入るほどの大きさの穴を開けておき、この穴から獲れた魚を次々と落とし込んでいき、いっぱいになると粘土で封をします。この後、上からさらに木の枝や葉で被い、その上にまた丸太を渡して、その両端は二股の木の杭で地面に打ち込んでおくのですが、これは野犬やキツネ、オオカミなどに掘り返されないようにするためで、こうして発酵させて、冬から春にかけての重要な食糧にするとともに、大切な犬の餌にもなるのです。

一方、西シベリアのセリクーブ族は、魚とともに漿果類（果肉が厚く汁の多い果実）をやはり土の穴の中に仕込んで発酵させる方法を行っています。また、同じ西シベリアのユカギール族は、捕らえた雁をキスラヤル・ルイドをつくる方法と同じ要領で土中で発酵させ、保存食としています。さらにチュコト半島のチュク族は、セイウチの肉を皮袋に入れ、それを縫い込んでから穴に入れて発酵させ、貯蔵するのであります。

一方、実にユニークで面白いのはカムチャダール族（イテリメン族ともいい、カムチャツカ半島に居住している）の行う魚卵の発酵保存法であります。新鮮な魚卵（ニシンやサケ、マス、タラの卵巣など）を木の葉を敷いた穴に入れ、そこを草で被った後に上から土をかけると、魚卵は発酵して酸味がつき、保存がきくようになるのです。現地の人たちは、発酵によって醸し出されたその風味ある魚卵を美味な食べ物として大いに好んでおり、土の穴の中だけでなく、皮袋の中で魚の卵巣を発酵させる方法も行います。

猛毒を無毒にする

このような臭くて珍しい魚介の発酵食品の中で、とりわけ驚くべきものは日本にある「フグの卵巣の糠漬け」であります。「この地球上で最も珍奇な食べ物は何？」という質問をよくうけますが、それはまさしくその「フグの卵巣を糠漬けにした食べ物である」と私は答えています。世界広しといえども猛毒をもつフグの卵巣を食べる民族など全く他例がないからです。

石川県美川町（現白山市）や能登半島の一部で江戸時代からつくられている伝統食品で有毒な原料を用いる点で極めて特異的であり、その有毒物質を微生物によって無毒化し、食品にするという点で奇跡的であります。それが、独特の発酵臭をもっているのも魅力のひとつです。これらの地区は江戸後期よりフグ卵巣の糠漬けの製造が盛んで、トラフグ（マフグ）、ゴマフグ、サバフグ、ショウサイフグといった毒フグの卵巣がその原料となってきました。毒のない肉身の方を糠漬けにするのならわかりますが、ここでは猛毒フグでしかも一番毒の強い卵巣を糠漬けにしてしまうのですからまさに驚嘆に値します。

毒フグの卵巣には、猛毒テトロドトキシンがあるのは周知の通りで、大型のトラフグであると卵巣一個でおよそ十五人を致死させるほどのものもあるといわれますが、これを発酵によって解毒し、食べてしまうというのですから実に奇抜で独創的発想であります。もちろん世界に他例は全くなく、まさに発酵王国、漬け物大国ならではの知恵から生まれた発酵食品なのです。

その製法はまず、卵巣を三〇パーセントもの塩で塩漬けにし、そのまま一年ほど保存します。その間、二～三カ月に一度、塩を替えて漬け直しますが、塩の量はだんだん少なくしていくといいます。塩漬けの期間、卵巣の水分は外に出ていくのでこの時、毒もある程度は抜けますが、組織に付いている毒はなかなか抜けず、そのまま卵巣に残っています。次に、糠みそに漬け込みますが、この際、少量の麹と鰯の塩蔵汁を加え、重石をして二年から三年間、発酵・熟成させ、製品とするのです。

食べるまでに三年から四年もかけているあたりは、まさに「悠久の日本人」といった大らかさを感じますが、この珍奇な食べ物の発想の背景には、日本人の食べ物に対する飽くなき探究心や、食材利用に対するすさまじいほどの執念、発酵王国としての伝統、周囲を海にかこまれた魚食民族の魚をめぐる意地などが重なり合い、そこにさまざまな知恵が織り込まれてつくりあげられたのです。

一般の魚の糠漬けに比べて使用塩量が多く、また発酵期間も数年をかけるほど長いのは、昔から「毒を消すため」と伝え継がれてきたためだということです。漬け込む前にあった猛毒テトロドトキシンは、製品からは全く消えてしまい、これを食べての食中毒例はこれまで皆無であります。そのため今日では、石川県の名物土産となって、金沢市内や小松空港の土産物売り場でも売られています。

その食べ方は、この卵巣をほんの少しずつ箸で解して酒の肴や飯のおかずにしますが、私が一番気に入っているのは茶漬けです。丼に七分目ぐらいの飯を盛り、その上にこの卵巣を解して撒きます。その時の色彩の鮮やかなこと。真っ白い飯に、卵巣の山吹色や琥珀色の美しい粒々が浮き出て、目に染むのであります。上から熱湯をかけ、よく混ぜてから胃袋にかき込むと、糠みそ漬け特有の発酵臭が鼻から来て、舌からは乳酸主体の酸味が飯の甘味にピッタリと合致して、さらにそこに卵巣からのうま味とコク味とが複雑にからみ合ってきて、まことに美味であります。

この毒抜きのメカニズムは、まず塩漬けの期間で一部の毒が卵巣外に流出し、次に糠漬けの期間に残留した毒が乳酸菌や酵母を中心とした発酵微生物の作用を受けて分解され、解毒されるものであることがわかりました。大根やキュウリの糠漬けなどを含めて、発酵中の糠みその一グラム（大体親指のツメにのるぐらいの量）中にはおよそ三億個以上の発酵微生物が活発に活動していますから、彼らにかかったら、当たって怖いフグでも弾を抜かれた鉄砲のようなものになってしまうわけであります。

ただし、このフグの卵巣の糠漬けの製造法には、幾つもの秘伝がありますから、私たち素人にはつくれません。「よし、俺もいっちょうつくってみようか」などという冒険心は危険なのでくれぐれもなさらぬようお願い致します。

中国熟鮓の旅

熟鮓の発祥地

中国は熟鮓の発祥地といわれ、その歴史と伝統には悠久の感があります。最大の人口を占める漢民族と少数民族とが混在する国でありますが、漢民族の間では熟鮓は忘れ去られた食品といってもよく、現在、熟鮓文化を持っているのは多くの少数民族です。とりわけ貴州省は熟鮓文化のもっとも色濃いところで、中でも苗族の熟鮓は大変に伝統があります。漬ける材料は川や池、沼、田から捕獲してきた淡水魚（鯉、鮒、草魚、レンギョ、鯰など）で、内臓を取り去り、塩を腹の中にすり込んでから囲炉裏の真上につくった棚に上げておき、一カ月間ほど煙でいぶし、次にこの乾燻魚の腹の中に蒸した糯米、唐辛子、塩を詰めます。それを泡菜（漬け物）用の甕（蓋の上部に水を張って密閉できるような構造になっている）に詰めて密封しておきますと、蒸米部分から乳酸菌による乳酸発酵が起こりはじめます。だいたい六カ月ほど発酵・熟成させたら食べられます。

同じ貴州省のトン族やヤオ族も魚の熟鮓をつくりますが、こちらのほうはいぶすということはせず、生のものの腹を割って腸を出し、そこに蒸米と塩を詰めて甕に入れて発酵させます。また日本の琵琶湖の鮒鮓に似て、仕込み用の甕の底に飯を敷き、その上に塩でまぶした魚をびっしりと並べ、またその上に飯を重ねる、といった方法で漬け込んでいき、一番上層の飯に塩を一面に撒いてから内蓋をかけ、その上に重石をするものでした。これなどまさしく日本の鮒鮓のつくり方によく似ています。

湖北省の武漢市郊外の長江（揚子江）支流周辺には、川エビを塩と酒とで漬け込んだ熟鮓がありました。その食べ方は蒸したり、野菜などと炒めたり、また鍋料理にも使っていて、料理のときにこの熟鮓を入れると、出来上がりはぐっと風味がよくなり、食欲が湧いてきます。

そのような料理に用いられることから発生したのかどうかはわかりませんが、この地方には「辣鮓」という珍しい唐辛子の熟鮓もあります。秋の収穫期に採った唐辛子を塩とともに米粉、酒で漬け込んだもので、一カ月ぐらいしてから食べます。生のままの唐辛子で漬け込むこともあり、また一度乾燥させてから粉状にして漬け込むこともあります。発酵することによって唐辛子の激しい辛味は熟れてきて、やや酸味を帯びたマイルドな辛味に変身するから素晴らしく、さまざまな料理への調味料として重宝していました。

驚くべき四十年ものの熟鮓

私がすでに四度も訪ねた広西チワン族自治区三江（さんこう）県程陽村ならびに白岩村のトン族の熟鮓は、ほとんどが鯉や鮒、草魚といった川魚で、ここも日本の琵琶湖周辺の鮒鮓と非常によく似た方法でつくっていました。ただし米は、日本ではうるち米で炊いた飯を使うのに対し、トン族は糯米を使います。

驚いたことにこのトン族の熟鮓は、日本でいう「本熟（ほんなれ）」タイプが多く、私が出会った一番古い鯉の熟鮓は四十年ものでした。

程陽村の村長宅に招かれていったとき、村長とその息子は、「古い熟鮓があるけど、見てみるか」というので、私はぜひ見たいといい、一体いつごろの熟鮓かと聞いたところ、平然と「四十年前のだ」といいました。私はびっくり仰天して、本当に四十年前なのかどうかを確認したところ、そこにいた父親は「間違いなく四十年前だよ。だってこいつの年は今、四十歳。生まれた年に、その記念に漬け込んだのだ」というのであります。

この地方には、子ども、とくにその家を継ぐ長男が誕生すると、魚の熟鮓を大きな甕に幾つも漬け込んで、その子が大きくなってから、成人式とか結婚式とかいった祝いごとがあると、漬け込んでいた熟鮓を甕から出してきて食べる習慣があるとのことです。

ではさっそく見せていただきましょうと、四十歳の長男に案内されて台所の隣の、暗くて何も見えないような部屋に連れていかれました。その部屋を懐中電灯で照らしてみたら、そこには大小さまざまな甕や壺が所狭しと並べてあって、その一つ一つには大きな石がのせてありました。漬け物専用の部屋だということですが、これを見て、少数民族の人たちは本当に発酵食品を豊かに持っているのだなあということがよくわかりました。

そしてその発酵部屋の一番奥の方にひときわ目立って大きな甕があり、そこまで行くと長男は重石と蓋を取りました。するとその甕の底のほうに、その熟鮓が五、六匹分ひっそりと横たわっているのが見えました。不思議なことに全く外観が崩れておらず、原形をそのまま残していました。四十年間もたったのに、なぜこのようにしっかりと残っていたかは興味深いことですが、一般に海の魚より淡水産の魚のほうが骨格や鱗はしっかりとしているそうなので、そのためなのかもしれません。

和歌山県新宮市の東宝茶屋でつくっている「サンマの熟鮓三十年もの」では、三十年の間に完全にサンマも飯粒も溶けてしまっていて、ドロドロのヨーグルト状になっていたのを考えますと、いかにこの鯉がしっかりしていたか、驚きでありました。私の考えでは、とにかくこの国は石灰土質が多く、中でもこの広西チワン族自治区や雲南省、貴州省などは石灰質台地でありますので、川や池の水には石灰成分としてカルシウムやリンが豊富に含まれていて、それが鯉や鮒の骨格に蓄積することとなり、強健剛強な淡水魚が出来上がったのではないだろうかと推測している次第です。

豚もカエルも漬ける

それにしても、あの広い中国では探せば探すほど、どんどん珍しい漬け物が出てくるような気がしてなりません。といいますのも、その村長の家には、この鯉の熟鮓四十年もののほかに、豚肉の熟鮓の十年もののもあったのです。

豚は魚より脂肪が多く、いくら発酵したとはいえ、一年、二年とたっていくうちに、その脂肪が酸化して渋くなったり異臭が出たり褐色に変化したりして、とても食べられる代物ではなくなるのです。ところがこの豚肉の十年ものの熟鮓は、脂肪も酸化することなくしっかりと白色で残っていて、まことに不思議なものでありました。恐らく、これだけ長く発酵させても酸化や劣化が起こらないのですから、発酵菌が何らかの形で酸化防止のための物質（抗酸化物質）を生成しているのではないでしょうか。これらの食べ物の中から、そのような物質を生産する発酵菌を特定すれば、将来その菌に天然の抗酸化物質を生産させることができ、これを利用することによって、天然の酸化防止剤の開発につながるような気がします。そうなりますと、人類にとっての食の進歩がまた一つ開かれることになり、それこそ素晴らしいことであります。

なお、豚肉の熟鮓は、この地方では珍しいものではなく、子どものおやつなどとしても食べられています。広西チワン族自治区のトン族の子どもがおやつに持っていた豚肉の熟鮓は串に刺したなかなかなもので、こんな小さい子どもでも日常茶飯事に熟鮓を食べているわけです。

また、広西省の大傜山周辺に住むヤオ族では、家畜肉のみならず、野鳥、野獣（クマ、ヤマネコ、シカ、サル、イノシシ、ウサギなど）、カエル、トカゲなどの肉まで漬けて熟鮓にしていました。彼らはその熟鮓の持つ酸味から「醋肉」（「醋」とは酸っぱいという意味）と呼んでいて、その漬け方は漬け物用の甕の底に肉を敷き、その上に煎った米の粉と塩を混ぜ合わせたものを肉の厚さと同じぐらい敷き、さらにその上に肉の層をつくる……、というように、この漬け込みをくり返し行っていき、最後の一番上を煎米粉と塩の層にしてから蓋をし、発酵させます。

三カ月目ぐらいから肉は酸っぱくなりますが、ときには五、六十年を経たものがあるということで、そのようなとてつもなく長期間貯えたものは薬用にされるそうです。

朝鮮半島のユニークな熟鮓

中国と陸伝いに隣接している朝鮮半島も、熟鮓の歴史と伝統がしっかりと残っているところです。今も熟鮓に「食醢」または「食醢」という字を当てることがありますが、その漢字が当てられたのは李朝時代からだといわれ、実際につくられて食べられた最初はもっと古い時代からだと考えられています。今は熟鮓のことを「シッケ」と呼んでいますが、朝鮮半島では塩辛類のことも「シッケ」と呼ぶことがあるので、ちょっと区別が難しいこともあります。朝鮮半島での熟鮓風シッケの特徴は海の魚を原料とするものが多いことで、その材料となるのはスケトウダラ、イシモチ、鰈、鰰、鰯、イカなどであります。

例えばスケトウダラのシッケは、スケトウダラを洗ってから水切りし、それを小片に切り分け、一晩置いて翌日もう一度洗い、水を切ってから布に包んでおき、別に粟を炊き、それに唐辛子の粉と塩を加え、よく合わせてから甕に仕込みます。

また、鰈のシッケである「カジャミ・シッケ」は骨つきのままの鰈をぶつ切りにして塩をし、炊いた粟、唐辛子、千切り大根などとともに甕に漬け込んだ熟鮓のことです。

鰰のシッケも有名で、鰰を乾かしておき、別に炊いた粟か糯米を、これも乾かしてから両者を合わせ、唐辛子で味つけしてから塩で漬け込みます。

また、鰯のシッケも同じように頭を取り去ったものを天日に干して乾かし、干した米飯と合わせてから唐辛子や他の香辛料（ニンニク、ショウガ、ネギなど）とともに塩で漬け込みます。

このほか「チュンジュ・シッケ」というのは、タチウオを天日で干し、それを炊いた米飯と麦芽、それに塩、唐辛子、ニンニクを混ぜた漬け床に漬け込み、それに蓋を強くはめ込み、甕を上下逆にして発酵させると汁が下に流れ出てきますから魚肉は締まり、美味となるのです。

朝鮮半島の熟鮓はこのように、生身の魚を使うものと、天日に干して乾燥してから仕込むという二つの方法があり、さらに米以外に粟や麦芽なども使うなど、ユニークな製造方法をもっています。

第3章　対談・発酵食品を探検する

高野秀行×小泉武夫

高野秀行（たかの ひでゆき）

1966年、東京都生まれ。ノンフィクション作家。早稲田大学探検部在籍時に書いた『幻獣ムベンベを追え』をきっかけに文筆活動を開始。辺境地をテーマとしたノンフィクションや旅行記を多数発表している。『ワセダ三畳青春記』『アヘン王国潜入記』『謎の独立国家ソマリランド』（集英社文庫）、『謎のアジア納豆』（新潮社）、『間違う力』（角川新書）、『辺境メシ』（文藝春秋）など著書多数。

対談は西アフリカの納豆から始まる

高野　ここ七年ほど、僕はずっと納豆の調査をしているのですが、今日はぜひ、先生にこれをご覧いただこうと思いまして。
小泉　いったいなんでしょうか。
高野　西アフリカのブルキナファソの納豆です。黒色の豆を集めて、野球のボールくらいの大きさに固めたものです。
小泉　これ、納豆の香りがしますね。
高野　そうなんです。ところが、実は大豆ではありません。「パルキア（アフリカイナゴマメ）」という現地のマメ科の植物です。大きな木で、約二〇メートルの高さになります。その木にサヤができます。
小泉　複雑ないいにおいがしますね。アンモニアのにおいもする。珍しいものを拝見しました。

ブルキナファソの鯉の納豆焼き浸し

高野　この納豆を使った料理の写真がこちらです。皿の上の鯉が見えなくなるぐらい、納豆を入れています。納豆をつぶして、鉄板の上でぐつぐつ煮て、焼き浸しにするんです。仕上げはトマトソースを使います。

小泉　納豆がグルタミン酸、魚はイノシン酸ですから、ものすごく美味しいでしょうね。

高野　はい、相乗効果ですね。ブルキナファソは旧フランス領のため、バゲットがあります。ご飯にも合いますが、バゲットにつけて食べるのも美味です。

小泉　それは美味しそうだ。

高野　世界中でいろいろな納豆料理を試しましたが、これは最高です。他の地域では、納豆をだしや調味料に使っているところが多いのですが、ここはどかんと鉄板に入れて、納豆そのものを味わっていますね。

小泉　それはいいですね。
高野　機会があれば、ぜひ先生もお連れしたいです。

世界一臭い納豆の登場

高野　もう一つ持ってきました。これも納豆の一種です。
小泉　これもアフリカですか。
高野　そうです。ナイジェリアのものですが、世界でいちばん臭い納豆と思われます。
小泉　わ、本当ですね……。これは何というものですか。
高野　「オギリ」と言います。中身はとても小さいですが、非常に臭い。そのため、バナナの葉っぱで厳重に、ぐるぐる巻きにしてあります。
小泉　どのようにして食べるのでしょうか。スープにするのでしょうか？
高野　スープに入れます。だしの素（もと）のような使い方ですね。
小泉　これ、堆肥（たいひ）のにおいがします。
高野　そうなんです。ウォッシュタイプのチーズみたいなにおいですよね。僕の日本人の友だちは、最初にこのにおいを嗅（か）いだときに吐いたと言っていました（笑）。
小泉　それほど強烈だったんですね。においがなんとも不思議で、植物系の発酵したにおいでもなく、動物系の発酵したにおいでもなく……。どのように作られているのでしょうか。

高野　半野生のスイカから作ります。見かけは普通のスイカですが、割ると中は種ばかりなんです。その種を茹でて潰します。

小泉　このクリーム状のものが本体ですね。アンモニアのにおいもします。このにおいは、くさやにも近いですね。

高野　実は、納豆菌が検出されています。これは納豆菌の発酵のにおいだと、僕は思います。ナイジェリア三大民族のひとつにイボ族がいますが、彼らはオギリが大好きで、毎日料理に入れて食べているんです。

小泉　アクセントの強い料理になりますね。

高野　ええ。でも少ししか入れないので、ムチャクチャ臭いというものではありません。

小泉　小さいときから食べていたら、やみつきになりますね、きっと。

高野　日本在住のイボ族の女性に会ったときに「オギリを知っていますか？」と言って、持っていたオギリを出そうとしたんです。すると、出す前に「あ、オギリのにおいがする！」と言われました。日本にはオギリが無いため、彼女は代わりに納豆を使って料理を作ってみたそうです。

小泉　納豆では力不足でしょうね。

高野　やっぱり違ったそうです。ただ、納豆には近いものを感じたと言っていました。

小泉　日本でオギリを再現するなら、日本の納豆を細かく潰して、それにクサヤの漬け汁と銀杏(ぎんなん)を生のまま潰したものを混ぜたら近くなるかもしれません。ところでこれ、だんだんいいにおいになってきましたよ。

高野　慣れていきますよね。最初はムチャクチャ臭いですが。

強烈な熟鮓は日本全国にあった

小泉　臭い発酵食品といえば、紀州の熟鮓(なれずし)はすごい。ひょっとしたら、世界でも臭みのベスト一〇に入るかもしれません。

高野　鯖(さば)の熟鮓ですか？

小泉　そうです。今でも和歌山県の御坊(ごぼう)で作られているので、取り寄せもできます。普通、鯖鮓(さばずし)というと、酢でしめたシメ鯖のことを指しますが、紀州の鯖鮓はくされ鮓、本熟鮓(ほんなれずし)というんです。半年ぐらい漬けて、それを厳重に包んで送ってくれるのですが、開けなくても届いた時からもう臭い。

高野　密閉しているはずなのに、不思議ですよね。

小泉　宅配便の人は何が入っているのかとびっくりしている。それぐらい臭い。しかし、これを酒の肴(さかな)にすると、もう最高です。

高野　どうして海沿いなのに、わざわざ発酵させたものを作るのでしょうか。

小泉　やはり、においには人間の本能に訴えかけるような、忘れられない魅力があるのだと思います。本能的なにおいとは、例えばわれわれの体臭が挙げられます。男女関係だったら性器のにおいも言えるでしょう。そういうものを、人は自然と求める。だから、においのするものを本能的に食べたくなった、と言えるのではないでしょうか。

高野　たしかにそうですね。

小泉　もう一つ、保存上の理由もあると思います。日本の熟鮓は、縄文時代からあると言われ、すでに奈良時代には一般的に作られていました。ご飯のおかずにもなるし、酒の肴にもなる。いつでも魚が獲（と）れるわけではありませんから、熟鮓などの発酵食品も用意しておいたのだと思います。

日本は世界一川の魚の種類が多い国です。実は、沖縄以外の四六都道府県に、その土地ごとの熟鮓が見つかっています。しかも、それが全て本熟鮓、つまりくされ鮓です。昔から、日本人は臭いものを食べてきたんです。発酵させることによって、長持ちさせられるうえに、生の魚とは全く違う味になる。これは発酵の大きな魅力です。

催涙性食品は嗅ぐと意識が遠のく

高野　韓国のホンオ（エイの一種）を発酵させた、ホンオ・フェもすごく臭い。ホンオ・フェが作られているのも、木浦（モッポ）などの港町ですね。
小泉　釜山（プサン）にもありますね。
高野　魚がたくさん獲れるところなのに、わざわざ漬ける。
小泉　ホンオ・フェは、昔から韓国の冠婚葬祭には欠かせません。強烈なアンモニアのにおいがするため、近くにいるだけで、涙がポロポロ出て来る。
　サメやエイなどの軟骨魚類は、微生物発酵というよりも自己消化で体が溶けていく。その過程で、アンモニアを大量に出します。だから、においを嗅いだ途端に、くらくらっとするんです。
高野　本当に気が遠くなります。
小泉　NHKの『土曜特集』の取材で見てきましたが、韓国の冠婚葬祭の豪華さは、ホンオの刺身の出る数によって決まるんですよ。日本円で一四三万円はすると思います。それがいっぱい出てくることで、豊かさを表すのです。食べながら、みんな喜んで涙を流したり、悲しんだりする。
高野　お葬式のときは、涙がポロポロ出てちょうどいいですね。泣き女を用意して号泣してもらう必要もない。
小泉　ホンオのアンモニアがどれくらい強いかといえば、刺身を噛んでいると、口の中が熱くなってくるほどです。アンモニアが唾液（だえき）の水分と反応して、水酸化アンモニウムになるときの溶解熱で熱くなるんですね。

高野　だから口を開けて、空気をたくさん吸い込もうとする。でも、それをやるとアウト。

小泉　そうです。

高野　空気が入ってくると、アンモニアがドンと来る。熱くても、空気を吸ってはダメです。

小泉　その通りです。私は「催涙性食品」と言っていますが、もう本当にすごい食べ物です。立派なホンオ・フェになるとアンモニアが大変強く、一〇〇人がにおいを嗅ぐと、九八人が気絶し、二人は死亡寸前だという（笑）。そのくらい強烈なんです。

油で揚げる前のものを出してはいけない

高野　二年前、先生の本を拝読して、中国の貴州へ熟鮓を食べに行きました。

小泉　どこへ行きましたか？

高野　広西チワン族自治区の三江（サンジャン）です。先生はご著書で四〇年物を食べたと書かれていました。さすがに四〇年物は見つけられませんでしたが、それでも一五年物はありました。

小泉　それほど臭くないでしょう。

高野　はい。漬けてある汁は、シュール・ストレンミングのようなにおいですが、魚自体は全然グズグズではなくて、少し萎(しぼ)んだだけで、今獲ってきたばかりのように光ってましたね。

小泉　不思議ですよね。中国でいちばん臭いものは何かといえば、やはり臭豆腐(チートウフウ)じゃないですか。発酵液のどぶの中に漬けておくから、強烈に臭い。

高野　どぶじゃないでしょう（笑）。

小泉　台湾の屋台で食べる物は、油で揚げています。台北でも台南でも、円環(えんかん)（ロータリー）がある。その脇には必ず臭豆腐屋があります。ただし、風下に店がないことを確かめてから出店しなければいけません。だから端のほうにあるんです。

　臭豆腐屋は家の地下に、何十年と経た発酵液を持っています。豆腐をその中へ浸(つ)け置きする。何カ月か後に取り出しますと、出て来た豆腐はものすごく臭い。ところが、油で揚げた途端に、香ばしいにおいへとガラッと変わる。これぞ発酵の不思議です。

高野　私も臭豆腐を食べに行ったのですが、臭いとは思いませんでした。それは油で揚げているからなんですね。

小泉　油で揚げたら、いいにおいになります。揚げる前のものは、絶対に出しません。とてつもなく臭いからです。

南米のカエルを飲み干す

高野　最近ですと、ペルーのカエルジュースが面白かったです。首都リマに、市民が使う大きな市場があります。その一角にジューススタンドがあって、老若男女がミキサーの前に集まって注文しています。

よく見ると、すぐ脇に水槽が上下に二つ置いてあって、生きたカエルが入っていま す。下の水槽は少し水が入っていて、トノサマガエル系がいる。上の水槽は乾燥していて、ヒキガエル系が入っている。客が「これ下さい」と頼むと、店のおばさんがカエルを取り出して、バンッと叩いて一撃で殺すんです。そしてざっと洗って、鍋でぐつぐつ煮る。火が通ったら、ミキサーに入れて、そこにキヌア（南米で古くから食べられてきた穀物）や、ロイヤルゼリーのようなもの、さらに現地の果物やその他、得体のしれないものをいろいろ入れます。もう魔女のレシピみたいなんです。おばさんも、ちょっと魔女みたいな風貌だったのですが（笑）。いろいろなものを入れて、ミキサーでガーッと混ぜます。すると、ドロッとしたものが出て来て「はい、どうぞ」と。

小泉　内臓も入っているんですか？

高野　皮と内臓は全部取り除きますが、それでもドローッとした液体が、五〇〇ミリリットルぐらい出て来ます。味は、青臭いバリウムと言えば近いでしょうか（笑）。

何か不自然な甘みがたくさん入っているんです。美味いと自分に言い聞かせながら飲むと、最初は思ったよりも美味いなと思うのですが、だんだん青臭さがモワモワっと立ち込めてきます。

小泉　カエルの青臭さですね。

高野　店のおばさんが「味はどう?」と聞いたので「うん、美味しい」と答えたんです。そうしたら、「よかった。じゃあ、おかわり！　これサービスね」って言われて、もう一杯飲むはめになりました（笑）。

接吻は微生物の交換である

小泉　飲み物と言えば、ウガンダではバナナ酒を飲みました。

高野　バナナ酒ですか。あれは結構においますね。

小泉　青いバナナだからとても臭いです。酒を造るための大きな容器がないので、舟を使います。

高野　カヌー、丸木舟ですね。

小泉　その丸木舟の中に、まだ熟していないバナナをいっぱい入れて、バナナの葉をかけておく。そうすると、バナナが発酵を始めるのです。発酵すると液化してくるので、それを取って濾します。その濾す時に、ものすごいにおいがするんです。言ってしまうと、ウンコのようなにおいがします。

そのにおいが風に乗って他の村落へ伝わっていく。そうすると、風下の村落が鶏一羽携えて飲みに来るのだという話を聞きました。だから、においが「おーい、鶏を持って、こっちへ飲みに来ないか」というサインになっているんです。面白いですよね。

高野 それで思い出したのですが、南米のアマゾンでも、舟のなかで酒を造るということがありました。

小泉 原料は何ですか？

高野 キャッサバ（熱帯地域で広く栽培されている芋）です。僕は口嚙み酒を探しに行ったのですが、僕が行ったところでは、もう口嚙み酒を造らなくなっていました。衛生的でないとか、作業が大変だ、とか言って、今ではサトウキビの汁で発酵させたり、ラム酒を混ぜたりするんです。

小泉 おそらくまだ地球上で口嚙み酒を造っているのは、ボリビアとペルーにアイマラ族という民族がいて、そこはキヌアを嚙んで……。

高野 いや、残念ながら、もう今はやっていません。今、口嚙み酒を造っているのは、アマゾンのごく一部の先住民だけですね。僕が行ったところでは、五年前まで口嚙み酒を造っていたというおばさんがまだいたので、お願いして造ってもらったのです。そうしたら、イメージとあまりにも違っていて驚きました。口嚙み酒というのは、元々は処女が嚙んでいたと言いますよね。だから、ちょっと官能的な感じで、ちょこっと嚙んで、チョロチョロと出すものだとばかり思っていたんです。でも、実際はロマンチックな感じは全然なく、潰したマッシュポテトのようなものを、もう大食い大会のように大量に口に入れて、ベェーと出すんです。それを三〇分ぐらい、しかも汗をびっしょりかきながら。

小泉　洗面器かバケツに出すんですね。

高野　そうです。バケツみたいな大鍋に「マッシュポテト」を出して、入れて、出して、入れて……と繰り返す。そして大鍋に入れたまま発酵させます。

小泉　飲みましたか？

高野　タッパーのような容器に分けてもらって、ずっと持って旅をしていたのですが、なかなか発酵しないので、結局日本まで持って帰って来てしまいました。自宅に何人か集めて、その映像を見せたら、みんなものすごく嫌がりまして。映像がなかったら、みんな飲めたかもしれないのですが。

小泉　正直だね（笑）。

高野　でもそれをザルで濾すと、マッコリのような見た目になります。味はむしろヨーグルトドリンクに近くて、アルコールはそれほど高くなかったです。

小泉　私は、大学で口嚙み酒の実験をやりました。学生四人に嚙んでもらって、どれぐらいアルコールが醸されるか実験したんですよ。

高野　お米ですか？

小泉　お米ですね。そうしたら、アルコールが九パーセントも醸されました。口のなかにご飯を入れて四分間も嚙んだら、とてもこめかみが痛くなった。ああ、これが「こめかみ」の語源か、などと学生が言っていました。

この実験では、さらにもう一つ発見がありまして、口嚙み酒の酵母は空気中から来るのだと思っていましたが、実は違うのです。酵母は歯垢に付いていました。ご飯を嚙んでいると、デンプンが分解されてブドウ糖になるでしょう。それと一緒に出て来ることがわかったんです。

高野　へぇ、空気中にあるのではないんですね。

小泉　そうです。歯には乳酸菌と酵母がいっぱいいます。だから、男と女がキスする、あれは微生物の交換です。

高野　だからこそ深い関係になれるのですね。

小泉　「接吻は微生物の交換である」ということです。口嚙み酒は、作って四日目ぐらいから炭酸ガスを出します。これほど急に、空気中から大量の酵母が降りて来るはずはないと思い、最初から口の中にいたのかなと思ったのです。嚙んだ学生たちの歯垢を取って平面培養したところ、たくさんの酵母がいました。発酵を研究したり、臭いものを研究したり、いろいろなことをやりますと、とても面白いことがわかります。

高野　本当にやみつきになりますね。先ほどの口嚙み酒を造ってもらった地域では、酒を一日中飲むこともあるそうです。ミャンマーのナガ族のところへ行った時、とくに年配の人に多いのですが、朝からどぶろくを飲んでいるという人がいました。彼らはしょっちゅう酒を飲んでいるんです。

なぜかと言うと、薄い酒を常に飲むことで、安全な水を補給しているのです。生水は安全とは限らないですよね。しかも、酒には栄養がある。栄養を摂りつつ、水分を補給するという意味があるようです。

小泉　なるほど。やはり昔の人たちの生活の知恵は、本能や体が求めるところから、生まれたのかもしれませんね。

樽から出てきたのは真っ黒いチーズだった

高野　先生に一つ質問があります。トルコで一七〇年前のチーズを食べたというのは、どのあたりのことでしょうか。

小泉　トルコというより、もっと北のジョージアに近いところです。国境にあるアララト山を右に見て、手前に人口四〇万人くらいのエルズルムという大きな町があります。そこから少し先へ行ったところです。なぜ行ったのかというと……べつに十字軍とか、オスマントルコを研究してきたわけではないのですが。

高野 もちろんわかっています（笑）。

小泉 トルコのアララト山の手前から、ジョージアのトビリシの少し北に南オセチア（ツヒンバリ）という地域があって、そこがワインの発祥地なんです。

高野 そうですね。

小泉 国境地帯からトビリシまで約二〇〇キロ、そこから南オセチアまでは約一〇〇キロです。その間の農家を訪ね歩きました。農家はブドウ畑を持っていて、家でワインを造っています。彼らは土の中に大きな甕（かめ）を埋めて、その中へブドウを搾って入れて仕込む。そのワインの調査に行ったのです。

話はここからですが、どの家でも牛を二頭から三頭飼っています。牛から牛乳を搾って、自分の家でチーズを作って、町へ持って行って売るんですね。

ある農家を訪れたら、チーズの話題になり、俺の家にチーズ蔵があると言うんです。蔵といっても納屋みたいなものですが、興味はあるかと聞かれたので、あるあると言って、その蔵へ連れて行ってもらいました。一階には、麦やじゃがいも、トウガラシ、玉ネギなどが置いてあり、穀物倉庫になっています。その二階が、チーズ置き場なのです。木の箱がたくさんあって、それは町に出荷するためのチーズで、今はここで寝かせているということでした。

すると農家のおじさんが、俺の蔵に村一番の古いチーズがある、と言うんです。これはいい話を聞いたと思い、どれくらい前のものですか、と尋ねたら、ナポレオン戦争の時だという。

高野　ナポレオン戦争ですか！

小泉　なぜわかるのかというと、農家のご主人のお父さんが全部書き残していたんです。ナポレオン戦争だから、今から二〇〇年ぐらい前。それがここに、いま八七個あるという。普通二〇〇年も置いたら、まず虫が入るのではないかと疑います。それから、カビだらけということも考えられる。ところが、樫の樽に入れていて、それで虫が来ないと言うんです。

高野　樽に入れているんですか。

小泉　樫というよりも、虫よけ効果のある楠みたいな木じゃないかと思うのですが、それでピシーッと内蓋をしていました。すると、おじさんが樽を開けて、一個取り出してくれました。それを見て、ギョッとしたんです。大きさは硬式野球のボールをひと回り小さくしたくらいで、なんと、黒かったんです。

高野　黒いチーズですか。

小泉　二〇〇年近く経っているから、表面が空気酸化したのでしょう。持つと、ずっしりと重い。

こんなチャンスはないと思って、このチーズを研究したいので、分けてくれないかと尋ねました。お金はあなたの言う通りに支払いますと。すると、おじさんがニコニコと笑って、二個売ってくれました。これが四〇リラ、一個だいたい一〇〇〇円です。

その日の夜、一個を割ってみることにしました。ホテルの庭石の上に置いて、ハンマーを借りてきて……。

高野　カチカチに堅いんですね。

小泉　そうなんです。ゴンッと割ったら、ぐずぐずっと崩れて、中は飴(あめ)色でした。

高野　飴色ですか。

小泉　驚くことに、よほど堅かったのか、中の表面が黒曜石を割ったようにテカテカしていました。

舐(な)めてみたら、強烈な塩味です。塩で劣化を防いでいたのでしょう。しかし、新たな疑問が湧きました。これほど塩を加えたら、普通は発酵しません。微生物が活動できないのです。現地の人に尋ねたり、トビリシの大学の先生にも聞いたりして、やっとわかりました。これは、いざという時に持って逃げられる、保存食としてのチーズだったんです。塩がないと人間は生きていけません。同時に、タンパク質の確保も重要で、チーズにはタンパク質が豊富に含まれています。一度チーズを作った後に、それをほぐして塩と混ぜて、練り固めたものが、このチーズだったのです。だから、虫もつかなかったんだということがわかって、大変驚きました。

高野　もとは牛乳で作られたチーズなんですよね？

小泉　いえ、山羊の乳でした。私も牛かと思ったのですが、これは山羊だと言っていました。あの辺りは山羊だけでなく、羊の乳でもチーズを作るようです。

高野　においはどうでしたか？

小泉　あまりなかったですね。ひたすらしょっぱくて、チーズの味もほとんどわかりませんでした。だから保存用であり、持出し用なのです。ただ二〇〇〇年近く経っているからか、塩角は取れていました。

高野　すごい話ですね。

タガメは洋梨の香りがする

高野　臭い食べ物ではなく、逆に、いいにおいの食べ物はありましたか？

小泉　カンボジアの北西部にあるバッタンバンで、タガメ醤油を手に入れました。メコン川沿いの穀倉地帯の田んぼに、タガメという昆虫がいて、それを集めて醤油を作ります。色は黒色ですが、なんと果物のにおいがします。

高野　タガメの翅の下側の肉から、柑橘系のにおいがするんですよね。

小泉　現地にはタガメ醤油の品評会があります。そこでトップになる醤油は、洋梨のラ・フランスのようなにおいがするんです。なぜだろうと思って、東京農大に勤めていたとき、昆虫学の先生に「なぜタガメは、こんなにおいがするんですか」と尋ねてみたんです。すると、それはフェロモンだと言っていました。

高野　あのにおいはフェロモンだったのですか。タイでは、タガメの翅の下の肉を取り出して、十秒くらい軽く火で焙るんです。それを料理に混ぜると、すごくこうばしい香りがします。ライムに似ているけれども、少し違う香りです。

小泉　なるほど。やはりタガメは、いいにおいなんですね。

強烈なにおいの熟鮓コンテスト

小泉　私は発酵のことをやっていて、つらかったことが一つあります。

高野　えっ、何ですか。

小泉　滋賀県の琵琶湖の北に、余呉湖という小さな湖があります。その脇に発酵研究所ができたのです。今から二〇年以上前に、私は五年間所長をしていました。そのすぐ隣に、朽木村（現高島市朽木）という村がありました。

朽木村は「鯖の熟鮓村」と呼ばれ、五〇〇戸くらいの村ですが、うち八〇戸くらいは昔から鯖の熟鮓を作っています。そして毎年、朽木村鯖鮓コンテストというものを開催していて、所長だから審査委員長として呼ばれるのです。朝から晩まで、臭い鯖鮓を全て口に入れて、うまみとにおいの強さを、二とか、三とか書いて、評価していました。

高野　食品科学でいう「官能テスト」ですね。

小泉　驚いたのは、家々によって味と香りが全く異なるのです。なぜかというと、発酵にかかわる乳酸菌が、家付きの菌だから。どの家にも乳酸菌がいますが、それぞれ性質が違うのです。

高野　家ごとに個性が出るんですね。

小泉　臭いにおいは、臭いチーズと重なります。これはゴルゴンゾラのにおいだ、こっちはスチルトンのにおいだぞ、と。つらかったのは、これが一次審査で、翌日の午前が決審なんです。一次審査で、八〇点のうち二〇点も残します。

高野　そんなに残すのですか。

小泉　これがまた、残るくらいだからみんな強烈で、本当に臭い。

高野　朽木村の鯖鮓と紀州の熟鮓では、味は違うのですか？

小泉　だいたい同じですが、紀州は本熟鮓ですね。

高野　熟鮓と本熟鮓は、何が違うのでしょうか。

小泉　熟成期間が違います。熟鮓だったら、朽木村では二、三カ月ぐらい発酵させます。けれども、本熟鮓は一年ぐらい発酵させるんです。だから本物の熟鮓と書いて、本熟鮓というのですね。

なぜ二人は発酵を追い求めるのか

高野　僕が発酵食品の調査に熱中しているのは、他の食べ物と比べて、情報が少ないからなんです。今の時代は、インターネットでなんでもわかるといわれますが、発酵食品の情報は案外少ないのです。特にローカルなものだと、ほとんど情報は上がってきません。もしあっても、においや味は、実際に食べてみるまでわかりませんからね。

小泉　本当にその通りです。

高野　だから行くまで、どんなものが出て来るかわからない。これが醍醐味です。探しに行くと、まず変なにおいがしてくる。そこへたどり着くと「わ、これか！」と。だいたい最初は「本当にこんなものが美味いのだろうか？」と、ちょっと怯むんです。でも、食べてみると意外といけるんですよね。その意外性も魅力です。

小泉　発酵食品がどうしてにおうのかというと、発酵菌が全部代謝でやってくれているからです。ところがこれは人間も同じなのです。

例えばお酒で考えてみると、人間がご飯を食べるのと同じように、酵母は体のなかにブドウ糖を取り入れます。そして代謝でアルコールを吐き出す。体のなかにアルコールが溜まると死んでしまうからです。まるで人間のウンコのように、体の外に出すんですね。だから、酵母も人間も変わらないのです。目に見えないけれど、同じ生き物なんだと親しみを感じる。そういう見方で発酵を見ると、良いのではないかと思います。

そして私たちは、これまでの長い年月の経験で、チーズや納豆や味噌など、発酵すると美味しくなることを知っています。発酵食品のどこに魅力があるかといえば、それはやはり、味とにおいだと思いますね。そして、料理として出来上がったときの美味しさです。発酵は美味しい、発酵は臭い、発酵は楽しい、ですね。

本書は、二〇〇六年七月に文春文庫として刊行されました。
加筆・修正のうえ、第3章に新たな対談を収録しました。

くさいはうまい

小泉武夫

令和2年 5月25日　初版発行
令和6年 12月5日　3版発行

発行者●山下直久

発行●株式会社KADOKAWA
〒102-8177　東京都千代田区富士見2-13-3
電話　0570-002-301(ナビダイヤル)

角川文庫 22189

印刷所●株式会社KADOKAWA
製本所●株式会社KADOKAWA

表紙画●和田三造

●お問い合わせ
https://www.kadokawa.co.jp/（「お問い合わせ」へお進みください）
※内容によっては、お答えできない場合があります。
※サポートは日本国内のみとさせていただきます。
※Japanese text only

ISBN 978-4-04-400595-5　C0136

◆◆◆

角川文庫発刊に際して

角川源義

第二次世界大戦の敗北は、軍事力の敗北であった以上に、私たちの若い文化力の敗退であった。私たちの文化が戦争に対して如何に無力であり、単なるあだ花に過ぎなかったかを、私たちは身を以て体験し痛感した。西洋近代文化の摂取にとって、明治以後八十年の歳月は決して短かすぎたとは言えない。にもかかわらず、近代文化の伝統を確立し、自由な批判と柔軟な良識に富む文化層として自らを形成することに私たちは失敗して来た。そしてこれは、各層への文化の普及滲透を任務とする出版人の責任でもあった。

一九四五年以来、私たちは再び振出しに戻り、第一歩から踏み出すことを余儀なくされた。これは大きな不幸ではあるが、反面、これまでの混沌・未熟・歪曲の中にあった我が国の文化に秩序と確たる基礎を齎らすためには絶好の機会でもある。角川書店は、このような祖国の文化的危機にあたり、微力をも顧みず再建の礎石たるべき抱負と決意とをもって出発したが、ここに創立以来の念願を果すべく角川文庫を発刊する。これまで刊行されたあらゆる全集叢書文庫類の長所と短所とを検討し、古今東西の不朽の典籍を、良心的編集のもとに、廉価に、そして書架にふさわしい美本として、多くのひとびとに提供しようとする。しかし私たちは徒らに百科全書的な知識のジレッタントを作ることを目的とせず、あくまで祖国の文化に秩序と再建への道を示し、この文庫を角川書店の栄ある事業として、今後永久に継続発展せしめ、学芸と教養との殿堂として大成せんことを期したい。多くの読書子の愛情ある忠言と支持とによって、この希望と抱負とを完遂せしめられんことを願う。

一九四九年五月三日